空き家再生で
みんなが稼げる地元をつくる

GAMO4 MODEL

「がもよんモデル」の秘密

和田欣也　中川寛子

学芸出版社

がもよん 昔

見るからに歴史のある住宅にかかる町名表示板。がもよんエリアではこうした風景をしばしば見かける

大坂冬の陣のとき、徳川方の佐竹義宣が境内に陣を張り、戦勝祈願したといわれる若宮八幡神宮

行者講とは山岳信仰の信者の団体のこと。まちの人がここから参詣に出立していったのだろう。現在はまちの守護として祀られている

昭和 30 年頃に誕生したといわれる城東商店街。現在は約 40 店ほどが並んでいる

今

鶴見通と今里筋の交差点の下に大阪メトロの長堀鶴見緑地線と今里筋線の蒲生四丁目駅がある

街中には古民家再生店舗の一部を紹介するマップが掲げられている

鶴見通沿いにはスーパーマーケットを始め、大手資本の飲食店などが少なくない

通りの左手には古民家を再生した店舗が並ぶ。10年前よりは人通りも増えている

がもよん再生の最初の案件であるイタリアレストラン「イル　コンティヌオ」。1905（明治38）年建築の米蔵を改装したもので堂々とした外観と、どっしりとした梁が印象的。門は一度解体して、組み立て直した

今里筋沿いにある「イタリアンバール　ISOLA」。1957（昭和32）年建築の溶接工場を改装した、カジュアルな雰囲気の店

1921（大正10）年建築の３軒長屋の中央住戸を改装したカフェ「HARUNCHI」。白を基調にした店内に古い梁が目を引く

1957（昭和 32）年建築の住宅を改装、本格的なピザ窯を備えた「Pizzeria e Trattoria Scuore」。店主が集めた家具も雰囲気にぴったり

1957（昭和 32）年建築の 3 軒長屋のうちの 1 軒、以前は新聞配達店だった住戸を改装した「ハーブティーと香りのお店　& shu（アンドシュウ）」

築年数不詳の五軒長屋を1軒にした「マニアック長屋」。個性的な商品を開発する若手が借りており、がもよんのオリジナルサンダルなども作製

1934（昭和9）年建築の住宅を改修した個室中心の日本料理店、「蒲生庵　草薙」。部屋からの庭の見え方にもこだわった

1934（昭和９）年建築の住宅を改装した「割烹　かもん」。既存の建具が店内随所にあしらわれている

築年不詳の住宅を改装、天井の高さが印象的な「蒲生中華　信」。お手頃なのに本格的なランチが人気でいつも賑わっている

1927（昭和 2）年建築の住宅を改装した「蒲生おでん　笑月」。夜のみの営業で、立飲み感覚で利用する人も多い

1921（大正 10）年建築の住宅を改装した「真心旬香　色」。長屋の一部だが、玄関の位置を変えるなどの工夫で外目には一戸建てのように見える

1963（昭和38）年建築の自動車修理工場を改装、気軽な雰囲気の居酒屋「うちげの魚　安来や」

大阪市阿倍野区に本店のある「昭和町ハンバーグ・レストラン洋食ボストン蒲生店」は1936（昭和11）年建築の住宅を改装したもの

美容院「TONAI atil」の建物は1931（昭和6）年建築の床屋と時計店の2店を1軒に改装したもの。保育士常駐のキッズルームを備えている

「NICOtt bar」。1951（昭和26）年建築の3軒長屋のうちの印刷店を改装、内装は店主たちがDIYで作り上げたそうだ

蒲生あんぱんで有名な焼きたてパン「R&B Gamoyon」は1921（大正10）年建築の住宅を2軒に分割、改装したもの

1957（昭和32）年建築の3軒長屋のうちの2軒を使った韓国料理店「韓non」は以前も小料理屋だった場所

前述のR&Bと連なるもう1軒がここ、「cafe bar 鐘の音」。現在は久楽庵で開かれている店主会議が始まったのはこの店だった

1930（昭和5）年建築の住宅を改装した「炭火焼鳥専門店　たづや」は今里筋にあり、煙に燻されたような外観が目を引く

本書の取材中にオープン、快調に客を集めている「そば　冷泉」は1921（大正10）年建築の3軒長屋を改装した

城東商店街の一画にある「トミヅル蒲生四丁目店」。1934（昭和9）年建築の新聞配達所を改装した

1階が八百屋、2階がその野菜を使った料理が味わえる食堂という「八百屋食堂　まるも」。1941（昭和16）年建築の住宅を改装

古民家とは思えない真っ白な外観の「居酒屋　はまとも」。1936（昭和11）年建築の住宅を改装した

2018年、がもよんに最初に誕生した宿泊施設、「宿本陣　蒲生」。
1909（明治42）年建築の住宅を2分割して改装した

「宿本陣　蒲生」の残り半分で2019年にオープンした「宿本陣　幸村」。墨絵師の御歌頭《オカズ》氏の手で赤い壁に描かれた墨絵がどこにもないスタイルと人気

1909年（明治42）年建築を改装して作られた集会場、「久楽庵」。イベントなどに使われることもしばしば

台風で傷みが激しくなった古民家を解体、その後の土地を活用して生まれた「がもよんファーム」。当初想定していた以上に問合せや申込みが集まった

まえがき

最初にご挨拶を。

大阪市城東区蒲生四丁目（がもよん）で三十軒以上の古民家を飲食店などに再生してきた和田欣也です。

この本は「古民家のお金の話」をまとめたものです。

全国には古民家再生による地域活性化を目指す団体がいくつも存在しています。しかし、補助金が尽きて活動できなくなるなどして、大体は数年で立ち消えているのが実情です。

一方、がもよんでの古民家再生モデルは、事業として定着しています。建物の持ち主・貸主と借主のつなぎ役である私の会社の売上も、年間で億を超えています。

古民家再生ビジネスは、仕入も在庫もないので倉庫費用がかかりません。また、仕事は受注・発注で成り立つのでリスクもありません。注文を獲得するための営業経費はある程度当初にかかるものの、軌道に乗ればほとんどの案件が紹介や問い合わせから成立するようになるので、長い目で見ればわずかで済みます。売上から出ていく経費はほんの少しなので、事業として儲からないほうがおかしいのです。

これからますます人口が減少していく中で、新築の着工数は減ります。ハウスメーカーはどうするのでしょう。営業できない工務店は、新築の受注からリフォームにはすぐにシフトできません。古民家再生ビジネスには、大手のデベロッパーやメーカーは参入しないし、マーケットは大きいのにライバルが少ない。ここまで挙げた状況を踏まえた上で本書を読まれ、そこでビビッと来なければ、ビジネスセンスはないと思ったほうがいいかもしれませんよ。

本書には、不動産業界で四十年近いキャリアがある中川寛子による取材・構成で、誰でも空き家再生に取り組めるようになるべく具体的なノウハウをまとめました。すべて私だけで成し遂げた仕事であるように見えるところがあるかもしれませんが、もちろんそんなことはありません。いつも私たちの活動を理解し、ご協力くださっている地域の方々や、店主の皆さんの力あっての「がもよんモデル」です。

建物を貸す人、建物を借りる人、そして建物のまわりで暮らす地域の人に喜ばれ、自分の稼ぎになり、まちも変わる。ぜひ、この本で「がもよんモデル」のエッセンスを得ていただき、地域の活性化に取り組んでください！

二〇二一年一月

和田欣也

目次

第三章 真似て稼げ。「がもよんモデル」を徹底解説！

第一章

十余年で三十余軒が出店、撤退ゼロ。蒲生四丁目で何が起きているのか

蒲生四丁目というまち

大阪市城東区蒲生四丁目。通称「がもよん」は、その名の通り、大阪城の東にある城東区のほぼ中央に位置する。大阪メトロ今里筋線、同鶴見緑地線の同名の駅が交わる交差点の南側にある一画で、江戸期の蒲生村の中心だった地域である。

江戸期以前は蒲《がま》の多く生える低湿地だったそうで、城東区ホームページ*1によれば、蒲生と呼ばれるようになったのは江戸時代に入ってから。田畑としては豊かな地域とはいえず、しばしば洪水にも見舞われていたそうである。

明治期に入り、城東区には寝屋川、城北川などの水運を利用した工場が林立。以降、戦後の復興を経て最近に至るまで工場地帯として発展を続けてきたが、その中にあって旧蒲生村周辺では田畑を利用した宅地化が進んだ。

そのせいだろうか、第二次世界大戦最後の年、一九四五年に大阪は大規模な空襲を受け、城東区でも寝屋川を挟んで対岸にあった大阪砲兵工廠《こうしょう》を始め、工場地帯が広がっていた鴫野《しぎの》周辺は大きな被害を受けたが、蒲生周辺はほとんど被害を受けていない。

また、城東区では昭和初期から二〇年代までの間に区域の約五分の二で土地区画整理事業が進められ、戦後復興期にも被災した地域での区画整理が行われたが、蒲生周辺はいずれの事業も行われていない。初期の区画整理では低地で利用価値が低いと思われてのことであろうし、戦後は被災しなかったためだが、それが現在、この地域に築百年以上の木造家屋、長屋そして路地が残されている理由である。

とはいっても文化財的な風格ある住宅があるわけではなく、大半はごく普通の一戸建てや大阪の労働者の典型的な住宅である、平屋の長屋。大阪市二十四区のうちでも人口密度が最も高い城東区[*2]だけあって、表通りから一本入ると、路地や行き止まりの道に面して古い木造家屋がみっちり並んでいる。東京でいえば墨田区や足立区、中野区などの、いわゆる木密地域に似た雰囲気である。

そのため、古い建物や路地が残されているといっても、長い間、それらは打ち捨てられた存在であった。大阪市は二〇一八年時点で、二十政令指定都市中、空き家率が

がもよんの住宅街に残る、空き家になっている五軒長屋。現在はブルワリーとして使われている

一七・一%と日本一。市の要因分析[*3]によると、空き家が多いのは戦災で焼けなかった古い木造住宅が残る地域とワンルームの多い地域だという。蒲生周辺は前者にあたり、区役所や警察署、郵便局などが集まる区政の中心地のすぐ近くながら、ほんの十年少し前までは古い木造住宅の空き家が目立つ寂れた地域だったのだ。

実際、今も駅の東側にある城東商店街を歩くと、蒲生四丁目周辺のそもそもの状況が想像できる。二百余mほどのアーケードがある商店街[*4]は一九七〇〜一九八〇年代の繁栄を最後に店舗数が減少。かつては映画館が二軒、公設市場などもあったそうだが、現在は高齢者を対象にした美容や医療関係の店が目立つ閑散とした通りになっている。

その蒲生四丁目が変わり始めたのは二〇〇八年以降。蒲生四丁目の歴史ある寺社が残る一画に残されていた築百二十年余という大きな米蔵が改装され、ばりばりの下町だった蒲生四丁目にあるまじき雰囲気を醸すイタリアンレストラン「ジャルディーノ蒲生」(現「リストランテ　イル　コンティヌオ」。以下「イル　コンティヌオ」)に再生されてからである。

古民家レストランの増えた今なら、ああ、また古民家再生か、と思われるかもしれない。しかし、当時は古民家を利用した飲食店は少なく、駅からも歩いて数分とやや距離がある立地で、駅から店までの間には住宅があるだけ。知らない人からすると、この先に本当にレストランがあるのかと思うような場所だったのである。

土地・建物を所有する会社の内部からも反対があったほどで、地元の人たちの多くはこんなものが受けるとは思っていなかったはずだが、それが受けた。意外な場所に意外なモノがあるとテレビを始め、マスコミが食いついたのである。外からの評価は地元の人たちや所有者の意識を変えた。古い建物でも改装すればなんとかなるものだ、と成功例を見て古家の持ち主の見方も変わった。

二〇一二年からは「がもよんバル」がスタート。蒲生四丁目以外の周辺の店舗も参加して盛り上がり、翌年からは「がもよんカレー祭り」、続いて二〇一五年には「がもよん肉祭り」も行われるようになった。美味しい店があり、面白そうなイベントをやっていると話題を呼んで、徐々に行ってみたいまちとしての認識が高まり、それにつれ、ここに店を出したいと考える人も出てくるようになった。

「イル　コンティヌオ」1階店内

それから十余年。蒲生四丁目駅周辺の主に大阪府道八号線（鶴見通）の南側には、古民家を利用した店舗が三十以上にも増え、地元の若者向け雑誌でしばしば取り上げられる話題の店も少なくない。テレビで特集を組まれることもよくある。また、空き家の増加が社会問題になり、空き家を利用したまちの活性化に注目が集まるようになったここ数年は、企業の視察や学生のフィールドワークなどで訪れる人も増えた。

注目したいのは数だけではない。飲食を中心にした三十余の店舗のうち営業的に失敗したり、経営的に行き詰まったりして撤退した店がないという点である。

特に飲食店は盛衰が激しい。日本政策金融公庫が行っている「新規開業パネル調査」[*5]での業種別廃業状況をみると、二〇一一年から二〇一五年における全業種の廃業率平均は一〇・二％であるのに対して、飲食店・宿泊業の廃業率は実に二倍に近い一八・九％である。比較的始めやすくはあるが、すぐに潰れる危険も大きいのが飲食、宿泊業なのだ。それががもよんではきちんと続くのである。どこに秘密があるのか、視察に来る人がいるのは当然だろう。

以下、その秘密を見て行くにあたり、冒頭で明確にしておきたいことがある。蒲生四丁目、がもよんの表記についてである。蒲生四丁目は駅の名称であると同時に住所表示である。がもよんはその蒲生四丁目の通称である。だが、以降で取り上げる活動は「がもよん」と称しながら、住所としては蒲生四丁目からは多少はみ出していることもある。

そこで、ここでは蒲生四丁目と書いた場合は蒲生四丁目駅周辺を広く指し、がもよんと書いた場合には活動及びその範囲となるエリアを指すこととする。

誰が蒲生四丁目を変えたのか

話題になっているまちには必ずキーパーソンがいる。がもよんの場合には和田欣也（R-Play。以下和田）である。

私（中川寛子）が最初に和田と会ったのは二〇一九年二月。東京都足立区で行われた千住パブリックネットワーク[*6]の空き家の勉強会だ。講師だった和田は淡々と、しかも楽しそうに自らの活動を語った。当日の話のうちで、その日会場にいた全員にとって一番衝撃だったのは、多くの人が明らかにしたがらないお金の話がざっくばらんに、しかも詳細に語られたことだった。長年かけて生み出してきたノウハウを本気で伝えようとしていたのである。

その姿勢と、いつでも何か面白いモノを見つけようとするようないたずらっ子っぽい表情に惹かれて、私はその後すぐにがもよんを訪ね、取材を重ね、今、こうして和田とがもよんについて書くに至っている。

この本では、誰にでもできる地域の活性化のための和田のノウハウを洗いざらいお伝えするつもりだが、まちは人が作っていることを考えると、誰がどのように取り組んできたのかは大事なポイントだろう。特にがもよんでの成功の要因を考えると、相手の気持ちにアプローチするという部分が大きい。理詰めではなく、気持ちに寄り添うというべきか、感情に訴える部分が多く、それらのアプローチは和田が人生の経験から学んできたものである。であれば、和田がどんな体験をし、そこから何を学んできたかはノウハウを学ぶ上で重要なことである。

和田は非常に浮沈の激しい、ドラマのような経験を重ねてきた人間である。世の中で成功例に学べない人たちの多くが口にする言い訳に「あの人だからできた」(つまり、私には無理)というものがある。この本にとっての一番の懸念も「和田さんだからできた」と思われることだ。だが、経験しなければできないと言ってしまうことは、人間の想像力や共感力などを軽視するものだ。人にはそれぞれのやり方があり、地域にはそれぞれの課題がある。和田の手法から学べるもの、盗めるものはすべて学び、盗んでもらうとしてもそれぞれの解決法は異なるものになるはずである。ここでは、そうした人の持つ偉大な力を信じて、しばらくは和田欣也という人物と今日に至るまでの彼の歩みについて書かせていただこうと思う。

アルバイトと遊びに費やした学生時代

和田が生まれたのは城東区諏訪。同じ城東区内のより南側にある鶴見区に近いエリアで地図を見ると蒲生四丁目同様に路地、突き当りの多い地域である。和田に言わせると、蒲生四丁目よりも地域の風景も人の言動も、もっとざっくばらんで気取りのない下町だという。およそしゃれた雰囲気のないまちにある和田の実家は三世代、祖父母と両親、和田と弟二人の七人が増築、改装を重ねた古い二階建ての木造家屋に住んでいた。三人兄弟の末っ子だった父親は寝具店を営んでおり、工場も所有する商売人で、ビジネスの種を見つけるのに長けた人だったという。

地元の小学校を卒業した和田が進学したのは同志社大学香里中学校。高校、大学とエスカレーター式に進学できるからというのが選択した理由だった。だが、豊かな暮らしは長くは続かなかった。中学生のころ、父が事業で多額の借金を作って蒸発してしまい、母子家庭としての生活が始まったのだ。幸い、地元には会社、病院をそれぞれ経営する父の二人の兄がおり、食うや食わずまでの生活だったわけではなかった。

十六歳以降は、ずっとアルバイトをしてきた。大学時代は、安い居酒屋から社長連中が集まる高級店、はたまた、やから始まるご商売の方々が集まる店まで、様々な飲食のバイトに勤しんだ。華やかに見える飲食の裏側の、準備、仕込み、下拵《したごしら》えの大変さ、酒屋その他の事業者とのやりとり、売上と規模、バイトの人数の関係といった実用的なことから、しつこく居続ける客に帰ってもらうテクニック、ここには書けない違法すれすれのあれこれも含め、経験を積んだ。さらに、失踪後に再婚していた父との再会を機に、その後妻の実家が経営する日本橋の弁当屋も手伝った。労働者のまち、西成が近く、客からは醤油をくれ、箸をくれと言われた。向かいにあった警察署に出前に行くと、取調室からはモノが倒れる音がし、室内には鼻血を出して泣いている男がいた。大晦日の夜にはパトカーのタイヤを千枚通しでパンクさせ、わざと捕まる人がいた。正月に留置所にいると雑煮が出るからだ。

普通なら一生見ないかもしれないものを見続けた学生時代、和田は商売の厳しさを味わうと同時に「最悪最低なことを最初に想定できるようになった」。人には魔が差す瞬間がある。だから、事業を立ち上げる時には悪いことをしたくなる隙間を作らないようになったという。

アルバイトに励んで得たお金はすべて遊びにつぎ込んだ。当時はデザイナーズブランド隆盛の時代で、ファッション好きだった和田はメンズビギやニコルなどに大枚をはたいた。それもまた、今、役立っているという。遊んでいる人の気持ちがわからないと店はうまくいかない。真面目一方、理詰めで考えたアイデアでは人は動かないのである。

遊びに遊んだ結果、大学を出るまでには時間がかかった。七年。小学校以上に長くいるのは止めてくれと親には言われたそうだが、これも今考えるとプラスに働いている。後輩、同期がたくさんいるのだ。人を集める、動かすことができるのである。

提案営業と副業に明け暮れた社員時代

大学を卒業後に勤めたのは、実家の近くにあった建築資料研究所というコンピュータのＣＡＤシステムを売る会社だ。入社時の研修でコンピュータの操作を教えてもらえるとのことで、お金をもらって習えるならと就職を決めた。ところが、ここがハードな会社だった。午前中は建築業の名簿を見て上から順に電話をしまくる。午後はアポが取れたらその会社へ、そうでなければ飛び込みで商品を売り歩くというもので、売れなくても毎日名刺を二十枚もらって帰るのがノルマ。どう考えても新入社員に達成できる内容ではない。

だが、和田は他の社員とは違う行動を取った。同じ会社に何度か営業に行き、社長の在社している時間を狙って行くと、何人かに一人は会ってくれる。そこで聞いた話を他社でする。どの業界もたいてい、ヨソの会社の話は知りたいもの。そのうちに意見を求められるようにもなり、そこまでくれば商品は売れる。他社を紹介してくれることもある。今でいうところの提案営業である。このやり方で和田は売上を上げて行った。

辞めようと思っていた三カ月目、チャンスが訪れた。支店長が変わり、和田が大阪の案内をしているうちに売上増のためのアイデアを求められたのだ。自身がイベント好きだったため、コンピュータフェアをやりましょうと提案。これが大当たりした。三百〜四百人が来場、一日に一億円以上の売上が上がった。

営業マンとして腕を磨くと同時にこの時期にもまた、和田にとっては今につながる経験があった。一つは経営者を相手にした営業経験だ。

「あほな工務店も多く、この業界なら自分でもやっていけると思ったのと同時に、会社の伸びる、伸びないの違いは人やなと。会社の規模や見てくれではなく、人格、信用。支払い期限にだらしない会社はどんなに外目にしっかりしているように見えてもダメ。本人にはわかっていないかもしれないが、周りからはちゃんと見える。面白いもんです。」

人との出会いもあった。守口市にある水道会社に飛び込みで営業をかけたところ、そこにいたのは全員、背中に模様を背負ったおじさんたち。それだけで踵《きびす》を返してしまいそうだが、和田は彼らの麻雀に付き合った。そのうちに登場した社長から信用を得て、商品を買ってもらっただけではなく、紹介も多数もらったという。その会社の二代目は現在、工務店を経営。和田とは一緒に耐震の勉強をした仲で、仕事での付き合いは二十年にも及ぶ。得難いビジネスパートナーを得た時期でもあったわけである。

もう一つは、副業である。営業マンとして部下を連れて食事に入った店で大学時代の同級生と再会。当時ラブホテル六軒を経営していたその彼に依頼され、ラブホテルの部屋の改装に関わったのである。もっとも話題になったのは、クィーンサイズのベットを四台並べて世界一大きなベットを設えた〝ガリバーの部屋〟。滋賀県某所からソープ嬢を百人呼び、「百人乗っても大丈夫」とプロモーションしたのである。写真誌フライデーが大々的に取り上げ、そのホテルは一躍有名になった。

和田はこれで店のデザインの妙を学んだという。当時、ラブホテルではマイルーム感覚の、普通の女性の部屋を模したものが流行っていた。だがラブホテルに求められているのは日常ではなく、非日常というのが和田と友人の一致した考えだった。差別化することで単価は上がり、話題にもなる。その考え方は、たとえばがもよんで手掛けた真っ赤な部屋のある宿泊施設「宿本陣　幸村」などに活かされている。

阪神・淡路大震災を機に耐震の世界へ

一九九五年、そんな順調な会社員生活を送っていた和田に大きな影響を与えたのが阪神・淡路大震災である。会社から現地に派遣されたものの、当初はそれほどの被害を想定してはいなかった。しかし、待っていたのは悲惨な現実だった。

「寒いし、火が出ているし、建物は倒れている。瓦礫《がれき》の下からはうめき声がして、痛い、痛いという。見ているうちに足はがたがた震え、手も震え、どうやって立っていたのか覚えていないほどの衝撃でした。」

この人たちは家に殺されている。殺されない家を作る仕事をしようと和田は決意する。ちょうど、東京本社への異動の話があったが、それよりも地元で独立することを選んだ。父の姿を見て小さな頃から独立したいという思いを抱き、父同様にビジネスの種を見つけるのには長けていたし、学生時代も社員時代もそれで稼げてきた。独立は自然な成り行きだった。

早速、一般財団法人日本建築防災協会の講習を受け、木造住宅の耐震診断資格者（資格については第三章参照）として同級生などと耐震金物を作る会社を立ち上げた。

しかし、これが全く売れなかった。耐震金物の取り付けに慣れていない大工たちは「難しい、面倒くさい」と敬遠し、指示した場所に取り付けようとしてくれなかった。そこで和田が現場で「そうじゃない、こうするんだ」だと注文を付けているうちに「じゃあ、自分でやってくれ」と言う大工が出てきたのである。商品を売るためには仕方ないと和田は自分で手掛けることになった。

そこで和田が携わった物件が転機になった。ただ耐震補強を施すだけではなく、そこにデザインを付加して他にない物件を作り出したのである。その物件はほぼ空き家になった雨漏りのする五軒長屋。しかも、雨漏りを直すだけで二百五十万円ほどはかかり、直して満室にしても現状の家賃では改修費は回収できない。ただ、駅からは歩いて数分と立地は良く、小さいながらも庭もある。道路付けも悪くはない。改修の仕方によっては十分勝算はあった。もっと高い家賃がとれる改装をするべきだと和田は考えた。

施したのは当時としては斬新な改修だった。一階に駐車場を配し、二階にリビング、天井を抜いて吹き抜けにした三階にはロフト。長屋とは思えない間取りである。床には無垢の材を使い、土間はコンクリの打ちっ放しで、窓は円形だ。賃貸時の条件にも工夫した。当時としては珍しいペット可にしたのである。

このデザイン長屋がヒットした。工事中に空室が全部埋まったのだ。それだけではない。賃料も大幅にアップして従前の三倍近くに。負債でしかなかったおんぼろ長屋が収益を生む物件に再生されたのである。

和田はこの物件で、国土交通省主催の耐震デザインコンペに応募、愛知県では最優秀賞[*7]、兵庫県では県議会議長賞[*8]などといくつかの賞を受賞する。賃料アップの実績に加えて公のお墨付きも得て、依頼が相次いだ。

長屋改修で受賞、がもよんと出会う

二〇〇六年、蒲生四丁目にある米蔵の改修の依頼が舞い込んだ。これが今につながるがもよんとの出会いである。話を持ってきたのはその時以来、和田と組んでがもよんを変えてきた地域の地主である杦《すぎ》田《た》勘一郎《かんいちろう》氏だ。当時はまだ父の代で自分の好きなようにできる状況ではなく、かつ杦田氏以外、社内に米蔵や古い建物に関心を持つ人はいなかった。米蔵も長年ほったらかしのまま。地域内の空き家はすべてどうしようもない邪魔モノと思われていたと杦田氏は話す。

「防犯には良くないし、地震で潰れたら周囲に迷惑をかける。かといって先祖代々の土地を売ることはしたくないものの、父の時代にはまだバブル期に抱えた負債の清算もあり、米蔵のある周辺の土地、建物のうちには売らざるを得ないものもありました。しかし、一度壊したら二度と建てられないものがあります。なんとかしたい、残したい。そう思ってはいましたが、どうしたら良いのか、一人で悩んでいた。そんな時に和田さんに巡り合ったのです。」

当初は蕎麦屋など和の情緒を重んじる業種に貸すことを考え、実際、募集をかけてもいた。だが、三年経っても空き家のまま。そこに和田は蕎麦屋なら当たり前すぎて面白くない、イタリアンにしようと提案したのである。

高度経済成長やバブル時代を経てバブルと共に土地神話が崩壊する中、スギタグループは資金繰りに追われ、他に手の打ちようもない状況下であった。自社物件の建売部隊があった時代である。新しい試みに時間や費用をつぎ込むくらいなら、収益を生まない空き家や古民家を一日も早く売却し、現金にしたほうが賢明と古民家にお金をつぎ込むことには猛反対があった。古民家になど投資する意味があるか、夢物語に過ぎないなど、まだ社長でもなかった杦田氏はぼろかすに言われたそうで、中には「騙されるんとちゃうか」という声すらあったという。

しかし、和田と杦田氏は「成功しなければ給料は要らない」と退路を断ち、米蔵の改装に踏み切った。狭くて低かった門を解体、材料はそのままに組み立て直し、軀体《くたい》内部を掘り下げて天井高を確保するなど、工事にかかった費用は約五百万円だった。もしただ解体していても費用は同様に五百〜六百万円だが、そこに補助金が出た。つまり解体するほうが安くつくはずだったのだ。それなのにオーナーが軀体工事の費用を負担するなんて。その挙句に借りた店が出て行ったらどうするのか。工事が始まってもこうした反対が出た。さらに人通りがないところで飲食店を開いて人が入るのか。思いつく限りの理由を挙げて延々と反対が続き、加えて手間のかかる工事だったこともあり、開業までには二年かかった。

だが、開業してすぐにマスコミが食いついた。このまちにこの店が！という驚きが番組になったのだ。今ではまちのランドマークとなった店の成功以来、社内では反対の声はかき消えた。今では「いやあ、あの時は」と笑い話になっているそうだが、この大逆転ホームラン的な成功例がもよんを変えることになった。

改装前の米蔵の様子。内部もガラクタだらけだった

開業から三カ月ほど経った頃、和田は枚田氏に呼ばれる。大阪ではすでに中央区空堀、北区中崎町などが古民家を利用したカフェ等で話題のエリアになっていたが、それは「点」での再生に過ぎない。蒲生四丁目ではそれを「面」としてやってみないかという相談だった。古いモノを利用して新しいまちにしようというのである。もちろん和田に異存はなく、これを機に二人はビジネスパートナーとしてがもよんに関わり続けることになった。

店舗開業の大変さを自ら経験

一方、がもよんに関わり出したのと同じ時期、和田は自らも開業に関わることで、店舗経営の大変さを、身をもって体験している。会社員を辞めて給料が入らなくなり、日銭が入る現金商売をやろうと考え続けていた和田が目を付けたのは、食パンだった。出張先に工場直販で販売する食パン店があり、愛想のない店舗での販売にも関わらず行列ができていることに驚いた。味でファンを作ることができれば、こういう商売があり得るのだ。

そこで食パンに注目し、いろいろな店を巡り、探し出した店に何度も通っては「出資するから、がもよんに店を出しませんか」と口説いた。だが、残念ながら答えはいつもノーだった。さすがに諦めた和田は、最後にレシピを売ってくれと頼んだ。同級生にパン屋がいるのでレシピがあればそこで作ってもらえるのではないかと考えたのだ。それまでの和田の熱意に打たれたのか、店主は「そんなに好きだったらタダで教えたる」と言ってくれた。夜中の三時に来てくれたら朝九時まで仕込みをしながら教えてくれるという。「二回くらい来たらええわ」と言われたが、翌日から通い始め、最終的には一カ月通った。最終日、丁寧に教えてくれたお礼にと菓子折を下げて行った和田に店主は「ここ、やめるねん」と意外な一言を告げた。店は解約してしまったので使えないが、下取りに出す予定の釜以外、欲しい機械はあげるわ、と。

こうなると、なりゆき上、店を出さないわけにはいかない。だが、この時期はまだ経済的に厳しい時期だった。店を借りて、足りない機械を用意して出店となると最低でも一千万円ほどは必要になる。親族に頭を下げて自己資金として使える金を集めて国金（日本政策金融公庫）に融資を申し込むが、経験も貯金もない状態で融資は下りなかった。どうすれば自己資金を増やせるか、融資が下りるような収支計画になるか。この期間、和田はせっせと情報を収集し、学んだ。そこで積み立て式の生命保険は自己資金に充てられることを知り、融資に有利になるようにと収支計画を練り直して再度挑戦。ようやく、九百万円の融資承認が下りて、出店できることになったという。

この経験から飲食の大変さを改めて思い知り、原価率や収支のバランスを取ることはもちろん、一人で孤独に経営に向き合う精神的な辛さも実感したと和田は振り返る。それががもよんでの飲食店主たちへのアドバイスに生きているのだという。ちなみに、がもよんに出店して欲しい店を直接何度も口説きに行くという手法は、この食パン店に限らず、以降もしばしば行われている。一般の不動産会社は客が来るのを待つのが一般的だが、それではまちに欲しい店、業種が来てくれるとは限らない。それならば、こちらから誘致しようというのが和田のやり方なのである。

バルに始まり、定期的にイベントを開催

がもよんといえば定期的に開催されるイベントの賑わいでも知られる。始まったのは二〇一二年から。少しずつ新しい店も増えてきてはいたものの、知名度はまだまだという状況だった。もう少し、認知度を上げられないか。地元の若い飲食店主が集まり、「最近、バルイベントというものがあるらしいぞ、やってみないか」という話が出たのだ。といっても店主たちは毎日の仕事で忙しく、やりたいとは思っていても人をまとめるなどの実務は担えない。だったら、「和田さんに取りまとめてもらおうじゃないか」という声が出た。地元のみんなが知っている人だし、と打診された。和田は「おもしろいやん、やろう」と二つ返事で答えた。ただ、和田自身はこの時、流行ものだから、すぐに廃れるのではないかと思ってもいたそうだ。

それでもみんながやりたいなら、なんとかして実現したい。すぐに、兵庫県伊丹市で開催されている、チケットの販売枚数、参加店舗数ともに日本でも屈指のバルイベント「伊丹まちなかバル」[*9]の見学に行った。またちょうど、がもよんに店を出している洋食ボストンの本店が阿倍野区昭和町にあり、昭和町では「どっぷり昭和町」[*10]というバルイベントが行われていた。そこで店主に相談して書類等一

式をもらい、それをもとにがもよんばるの仕組みを作ることになった。誰もやったことのない、地域で初めてのイベントである。店主たちは同年に開業した「cafe bar 鐘の音」に集合、意見交換し、段取りを決めていった。今もがもよんでは毎週木曜日の昼三時に集まって連絡、相談、報告その他を行っているが、それはこの時以来の習慣だという。バル開催がきっかけとなり、店主同士が連携し、地域全体を盛り上げていこうという流れに発展したのだ。

店主たちもそれぞれにメニュー開発や当日の人手確保など大変だったはずだが、裏方の和田の作業も多岐にわたった。各店からいくら集めるか、当日の参加費をいくらに設定するかに始まり、地域の企業を回っての協賛金集め、チラシやポスター、パンフレット、スタンプなどの作成・配布その他、雑務は多数ある。バルイベントの少し前から和田と付き合いがあり、今もがもよんに足繁く通う大阪日日新聞の納島輝久氏は当時のことをまるで学園祭の準備期間のようだったと話す。

「仕事が終わる六時過ぎから和田さんと二人、まちなかを回ってポスターを貼らせてもらう、チラシを置かせてもらうなどの作業をしていました。今考えると無給なのによくやったなあと。でも、『俺らがイベントをやるんやで』と、みんな興奮するというか、どこかうきうきした雰囲気があり、まちに一体感が生まれた気もします。」

初回には二十四店舗が参加した。土日の二日間の会期のうち、初日に台風襲来という波乱の幕開けだったが、蓋を開けてみると店には行列ができ、賑わった。がもよんでは古民家を改装した店舗に注目が集まるが、それ以外の店舗も各種イベントには参加しており、参加する飲食店の範囲は広い。好評だった初回を受けてがもよんばるはその後、年に二回開催されることになり、平成最後の二〇一九年四月までの間に八回開催された。また、二〇一三年からは九月にがもよんカレー祭りが始まり、二〇一五年からは三月にがもよん肉祭りもスタートしている。

カレー祭りや肉祭りでは和田はサポートに回り、主となって動いているのは二〇〇七年に開業したカフェレストラン「ＬＤＫ」の地元出身の女性二人、小山ゆう子氏と橋本美奈氏だ。和田がアイデアマン（ウーマンというのが正しいが）と評する二人は一時、地元を離れていたものの、店を出すならどうしてもがもよんに、と考えたという。始めから人脈に恵まれていたわけではなかったというが、和田にバルへの参加を呼びかけられて以降、主体的にイベントの参加者集めに関わっている。それを支えているのは、初回を自分たちでやりきれたことで得た自信だ。どこのまちにもありそうな、ごく普通の飲食店が集まることにでまちに大きなインパクトを与えるイベントを開催できた。自分たちにも大好きなまちを変えることができる。その気持ちが参加者集めを続ける原動力になっているのである。

小山氏は、バルは店同士が仲良くなるための潤滑油だと話す。

がもよんばる 3 回目開催時の行列。2019 年まで 8 回開催され、がもよんの名を広めた

「がもよんばるを始めるまで、店同士はほとんど付き合いがなかった。でも、一緒に何かをやることでつながりができ、仲間と思える関係も生まれてきた。それでもまだ、参加のお声掛けに行くと心が折れそうになることもあります。『なんか怪しい勧誘がきた』と思われて門前払いにされることも。一方で『面白そうやな。一回やってみます』と気軽に参加してくれる店舗もあり、それがあるから続けられています。」

面白いもので、乗ってくれそうな人はぱっと見てわかるという。乗ってくれる人は最初から「やる」と返答することが多いのだそうだ。「資料を渡して『後で見ときます』という人はまず参加されませんね。面白がり屋でなければ続きません。ここのイベントは自分の店の利益だけでなく、他の店やまち全体を盛り上げ、参加してくれた人も店の人もみんなが楽しめるものにするのが目的です。利益優先だ

カフェレストラン「LDK」の小山ゆう子氏と橋本美奈氏。常連の多いなごやかな店だ

と続かないと思います」とも小山氏は言う。

この精神はがもよんのまちづくりの根底にある。面白がり、楽しませる。それががもよんを対面の魅力にあふれたまちにしている。イベントには、外に向けてがもよんというまちを発信するのはもちろん、参加する店主たちが同じ目標を共有し、それによってつながっていくきっかけになる役割があることがわかる。単なる賑やかしではないのである。

和田は店には二種類あると言う。満腹と満足だ。

「食べるだけ、腹が膨れれば良いだけならファストフードでいい。無言で詰め込んでも満腹にはなる。だが、それだけでは寂しい。美味しいのはもちろん、気持ちよく食べて胃袋も心も満たされる。それが満足できる店。がもよんが目指しているのは満足。飲食店は人を楽しませる場所なんです。」

癌《がん》を経て関わり方に変化

波乱の初回イベント終了の翌年、和田に異変が起きる。癌が発覚したのである。それでも最初はたいしたことはないという診断だった。だが、入院前の検診で詳しく調べたところ、分化型の癌で、すでに複数の臓器に転移していることがわかった。こんなに元気なのにまさかと思ったそうだが、元気だから転移が早かったのだ。そのままだったら余命一年半という差し迫った状態で手術に臨んだ。オペでは胃と膵臓を半分、十二指腸と胆のうを全て切除、十四時間に及んだ。それだけ切除しても五年後の生存率は一〇%だとも言われた。入院は一カ月半に及んだ。

それで振り切れた、と和田は振り返る。もちろん、それまでも真剣に取り組んではきたが、生きていられるのがあと五年とわかったら時間の使い方、取り組み方は変わる。癌を発見できたのは二十五mプールで百円玉を見つけるような確率だったと医師は言ったそうだが、それで生かされた命ならきちんと使わなくてはいけない。初回に続き、和田不在の二度目、三度目のイベントを手伝い、今もしばしばオフィスを訪れる納島氏は、癌を克服して戻ってきた時の和田の変化をよく覚えているという。

「今、死んだらまちには何も残らない。みんなに気持ちを残したい、だからもっとまちのためになることに取り組みたい。和田さんの意識の変容に大きな感銘を受け、そこからはなんでも応援しようと思うようになりました。私だけではなく他の人も同じように感じたのか、自然と人が集まるようになり、気が付くと、ここ（がもよん）発信のネタがどんどん増えていきました。」

仕事のやり方も変わった。それまでは和田が前面に立って引っ張ってきたが、癌以降は他人に任せ、何かあったら自分が責任を取るという形になった。人はいつか死ぬが、誰かが死んだことでそれまでやってきたことがダメになるようなまちでは困る。だとしたら、まちに関わる人たちそれぞれが自分で動くようにしたほうが成長につながり、次世代にもつなぎやすくなる。そういう判断ではないか、と納島氏は振り返る。

「時間が限られたことで逆に長い目でまちや将来のことを考えるようになり、その中で自分のやるべきことが明確になった。そういう印象を受けました。」

生まれてから二〇〇〇年までは城東区に住んでいた和田だが、がもよんに関わるようになるまでは地元にそれほどの愛着があったわけではない。蒲生四丁目駅周辺には区役所や警察署などがあることから、まちとしては知ってはいたし、時に訪れてもいたが、あまり良い印象はなかった。

「食べるところはないし、あっても高い。それよりも若いうちは梅田やなんばに目が向いていたのが本当のところ。ただ、関わるようになってまちが変わり、人間関係が生まれてくるにつれて面白いまちだと思うようになり、愛着が湧いてきた。今は関わり続けることで自分にとっても居心地の良いまちにしたいと、そう思っています。」

幸い、それから五年以上が経ち、半年に一度の検査も不要になった。がもよんでは一〇年で三十軒余、それ以外も含めるとすでに六十軒以上の空き家を再生、新しい役割を与えてきたが、それではまだ足りない。もっと活用していくためには空き家を使う人、使える人を増やす必要がある。そのために、和田はこれまでに培ってきたノウハウを公開したいと考えている。以降、それらを詳述していこう。

注

＊1　地名の由来（城東区）　https://www.city.osaka.lg.jp/joto/page/0000000768.html#1-1

＊2　各区の人口密度（大阪市）　https://www.city.osaka.lg.jp/shimin/page/0000404461.html

＊3　大阪市における空家の状況とこれまでの取組（活用促進、老朽危険家屋対策）について（大阪市）　https://www.city.osaka.lg.jp/toshikeikaku/cmsfiles/contents/0000341/341575/1-3_siryo3.pdf

＊4　大阪市のアーケード街の空間的特徴と情景要素に関する研究　http://www.cpij-kansai.jp/cmt_kenhap/top/2006/04.pdf

＊5　新規開業パネル調査（日本政策金融公庫　二〇一六年）　https://www.jfc.go.jp/n/findings/pdf/topics_161228_1.pdf

＊6　千住パブリックネットワーク　https://www.facebook.com/SenjuPublicNetwork/

＊7　平成一八年度第1回　あいち木造住宅耐震改修事例コンペ　最優秀賞　http://www.aichi-gensai.jp/conpe/mokuzou_2a.html

＊8　ひょうご住宅耐震改修工法コンペ受賞工法（戸建て住宅部門）　http://www.hyogo-jkc.or.jp/jkc/bosai/pr%20kodate.pdf

＊9　伊丹まちなかバル　http://itamibar.com/

＊10　どっぷり、昭和町　https://showacho.jp/

コラム
がもよんを語る

任せたら口は出さない、結果を見ても叱らない

――R-PLAY 田中創大氏

和田のアシスタント
田中創大氏

和田のアシスタントを務める田中創大氏は、新卒で勤めた会社を半年で辞め、和田に弟子入りした。父が和田の同級生だったことから、中学生時代から間接的に存在を知っており、大学三回生時には父と共に「がもよんばる」を訪れていたという。その後、就職を前に父が和田に部屋探しを依頼したそうで、それが和田との初対面となった。

一人で多様な仕事をこなしながらも、傲慢でも偏屈でもなく、初めて会う若者の声に耳を傾ける、見た目も含めて五十代とは思えない不思議な男性。それが、田中氏が初めて会った時に和田に対して抱いた感想だそうだ。大学では政策学部で地方自治やまちづくりの問題に接する機会が多かった田中氏は、そうした業界の活動のうちに潜む知り合い同士のなれ合いや表面だけは良いことを言い合う偽善性などに気づいており、和田の指摘になるほどと思う点も多かったという。

当初入社した会社とは相性が悪かった。説明されない、やり方もわからない仕事を前に戸惑う中で「常識がない」「自分で考えろ」という言葉ばかりを連発され、進んでも止まっても怒られる日々。退職の決断は早かった。退社前、和田の下で働きたいと父に相談したところ、「何もスキルがないのに紹介できるか」と一蹴されたが、実際には和田に挨拶に向かう前日に和田には話が通っており、当日の軽い一言、「明日からうち来たら?」で和田の下で働くことが決まった。

来客の案内に付き添ったり、店舗や取引先に同行したりと、仕事ともつかぬ二カ月ほどが過ぎたころ、最初に任されたのががもよん名物のバルイベントの最終回にあたる「がもよんらすとばる」の手配だった。飲食店店主らとの関係を築く良い機会だからと言われたものの、人と喋るのが苦手な田中氏にとっては苦行のような仕事だった。

「参加を迷う人に企画の説明をしに行ったり、パンフレットを作ってくれるデザイナーを探したり、イベントメニューを期日までに提出するよう呼びかけたりと、人に関わらざるを得ない仕事の連続でした。過去の資料もほとんどなく、予算の作り方も、かかる費用もわからず、ただただ時間が過ぎていくだけでした。」

あまりの進行の遅さに見かねた和田がボランティアスタッフの手配や店への挨拶をサポート

してくれたものの、結局田中氏本人は何をやっているのかわからないまま当日を迎えた。しかし、会期の二日間はあいにくの雨。結果、これまで赤字を計上したことのなかったイベントの最終回に、十万円の赤字を出してイベントは終了した。

だが、和田は途中で手を貸しはしたものの、最後まで口を出すことはなく、結果に対して叱責することもなかった。これはそれ以外の仕事でも同様だという。

「和田さんから私に対しての仕事の指示は、一から十のうち、十は説明するけれど、後は任せる、というものです。つまり一から九までは自分で考えることになりますが、ヒントが全く与えられないわけではなく、その仕事を担当する時点では、自分で考えるための材料はすでに与えられていることがほとんどです。」

イベントの赤字に対しても和田は当然だろうという反応だった。

「新人に任せたから赤字が当然なのではなく、準備過程を考えたら赤字は当然だった、と和田さんは言うのです。失敗した私が言うのもおかしな話ですが、この赤字は必要経費だ、とも言っていました。」

イベント終了時、田中氏は大きな挫折感を味わい、凹んだ。だが、「傷は深かったけれど、得たものは大きかった」と言い切る。失敗をなんとか取り返そうと飲食店主ら一人ひとりの性格を知り、付き合い方を考えるようになり、さらには短期間で宅地建物取引士の資格を取得するなど、自分自身を変えるきっかけになったからだ。

当初一年間の給料は十万円。一人暮らしをしながらの最初の一年はモチベーションを保つことに苦しんだものの、それを乗り越えた今は、新卒で勤めた会社と同じ額の給料をもらうようになっているという。次は稼ぐやり方を覚え、自らの売上に応じて給料やボーナスを受け取る仕組みに移行していく予定だという。そう自分の成長を語る田中氏からは、つい一年半前まで口下手さや慣れない仕事への戸惑いなどに悩んでいたかつての姿など想像もできなかった。

コラム がもよんを語る

責任感と当事者意識ががもよんを面白くしてきた

――週刊大阪日日新聞　**納島輝久氏**

大阪日日新聞の納島輝久氏

週刊大阪日日新聞で、都島区、旭区、鶴見区、そしてがもよんのある城東区をカバーする北東部版を担当する納島輝久氏。彼が和田と最初に会ったのは、最初の古民家再生事例である「イル　コンティヌオ」が完成したすぐ後のことだった。場所は、今福鶴見にある商業施設「ファミリータウン今福」のボウリング場。既存のボウリング場を個室型のボウリング（！）に改装する工事の現場を訪ねたのである。余談だが、このボウリング場を始め、和田はいくつかのボウリング場のサプリースも手掛けており、それも収益源の一つになっている。周囲との競争力の落ちたボウリング場に、先の個室ボウリングや百円ボウリングなど新たな展開を提案しているという。

さて、納島氏と和田の仲が深まったのは、バルイベント「がもよんばる」の実施がきっかけだった。店主たちから参加を希望する声が上がったものの、誰もやり方がわからない。そこで打ち合わせと称して週一回の会議が始まったのは今に続く「店主会議」の発端として触れたとおりだが、いつからか納島氏もそこに参加するようになったのだという。チラシやポスター、パンフレットなどの手配を担当することになり、開催直前には仕事を終えた一八時以降に、街中にポスターを貼って回ったという。

「全くのボランティアで、和田さんにも私にも一銭のお金も出ない。それでもまるで学園祭前夜のような盛り上がりがあり、疲れていても楽しい時間でした。初回は開催初日に台風に見舞われつつもなんとかやり遂げ、またやろうとなったのですが、そんな中で和田さんが大病に。そこでイベント運営に長けた外部の団体を呼んで手伝ってもらうことになりました。」

二回目と三回目はその団体が仕切る形で行われたそうで、特に二回目は参加店も多い中で準備もスムーズに進み、大いに賑わったという。しかし納島氏は、すっきりしない思いを抱えていたという。

「外部からやってきた人と地元の人との間に、気持ちのずれのようなものを感じたのです。手配に慣れているおかげで準備も無駄なく順調に進むけれども、その分、どうしてもその人たちに頼る気持ちが出てしまうのか、会合に出てくる人も減り、いつしか『業者に任せておこう』といった感覚に囚われているように思えたのです。地元のことは地元の人がやる、という責任者意識がないと、楽しくないものだと感じました。」

成功することを目標にしたり、正解を求めたりするようになると逆に失敗する、とも納島氏は話す。すべてを手探りでやった初回と、外部のスタッフに頼った二回目・三回目の両方を経験したがもよんの人たちも同じことを感じたのだろう、和田が戻ってきて以来は、地元の人たちだけでのイベント開催が続いている。

また、病気を克服して以降、和田も変わったと納島氏は振り返る。

「もし自分がいなくなっても、残された人が続けていけるように、と考えたのでしょう、自分が前に出るのではなく、相談役のような役割に回るようになったのです。その方が若手も含めて成長します。和田さんが後ろに控え、何かあった時には問題を引き受けてくれるとみんな、思っている。だから、正解がわからなくても、安心してとにかくやってみようと動ける。それはここで活動している人の大きな心の支えになっていると思いますね。」

現在もがもよんには頻繁に顔を出している納島氏。この十年弱で「がもよん」には特徴的な店が増えたという。元々、人の多さに比例して店自体は多かったものの、個性に乏しいところばかりだったが、近年は「あそこに行こう」と選ばれる店が増えてきた。認知度はまだまだだが、幸いにも裏通りは道が狭い上に、小規模な不動産が中心であるため、大手店が入ってきにくい場所であり、まだまだ変化の余地はある。既存の商店街がもう少し動けばまちはもっと変わるのに、と感じつつ、ヨソからお金をもらおうという意識では難しいかもしれないと厳しい目も向けている。

「アイデアと自分で動く気概があれば、お金がなくてもまちは変わる。和田さんはそれを見せてくれたし、今はほぼ何でもOKという気持ちで若い人たちを手助けしている。そこに関わってみるとその面白さがわかるはずです。」

第二章

空き家再生を稼ぐビジネスにする「がもよんモデル」とは？

外から見た「がもよんモデル」の独自性

　がもよんとはどのようなまちであるかについて、歴史から、そして和田の活動から見てきた。ここからは、がもよんの独自性と特徴を外からの視点で紹介していこう。

飲食を中心にする

　がもよんでの和田らの活動が世に知られるようになったのはここ数年。きっかけは数年前に大阪市内で開かれた民泊のセミナーである。参加していた和田は、そこで講師を務めていた丸順不動産の小山隆輝氏に質問を投げかけた。小山氏は、地元の大阪市阿倍野区昭和町にある不動産会社の三代目で、二〇〇三年に登録有形文化財になった寺西家阿倍野長屋を飲食店として活用して以降、地域の長屋などの再生に取り組んできた、昭和町の活性化の立役者である。地元密着で活動してきた人だけに周囲の動きにも敏感だったのだろう、和田を見て「がもよんの和田さんやないですか」と驚いた。

　そのやりとりに関心を持ったのが、たまたま小山氏のセミナーに参加していた、当時大阪ガスにいた中島紀行氏（現公益財団法人大阪ガスグループ福祉財団専務理事・事務局長）である。大阪ガス在籍時に一般社団法人住宅リフォーム推進協議会に出向しており、住宅、不動産やリノベーション等に幅広い人脈があり、まちづくりにも詳しい。

だが、全国の様々な事例を知っている中島氏にとってもがもよんは新鮮だった。こんなやり方をしている人、まちがあったのか、と早速がもよんを訪れ、以降も和田と親交を深め、周囲に紹介してきた。

その中島氏は、がもよんには他とは異なる独自のやり方があると分析する。

がもよんを「発見」した中島紀行氏

「まずは飲食を中心にしていること。飲食は開業から五年後に二割しか残らないのが普通と言われるほど、参入は容易で継続が難しい業種です。和田さんは古民家リノベで開業というハードルの高いところでスタート。開業したら終わりではなく飲食は本業ではないにも関わらず経営などをアドバイスしつつ、コロナ禍でもこれまでに出店した店舗のすべてを脱落させずにきているケースは他では聞きません。また、耐震から入っているのも珍しい。今、まちづくりを手がけている人の多くは不動産、建築、都市計画などの出身で、たいてい、早い時点から横のつながりがあります。その場合、他の事例を参考にできる利点はあるものの、どれも似たり寄ったりになりかねないという懸念も。ところがもよんは全くの独立独歩、和田さんの創意工夫の積み重ねで来ていて、だから独自のやり方ができている。結果的にエリアマネジメントされていて、がもよんブランドを構築している。」

耐震という他の多くの人たちと異なるバックグラウンドを持ち、自分が関わっているまちのことだけに集中して、他をまねてこなかったことが独自性につながっているというわけである。

また中島氏は和田が儲けようとしていないのが面白いとも評価する。飲食店出店希望者には実に細かく、席数からメニュー、皿のサイズまでアドバイスする和田だが、個店の経営に関わること以外ではさほど細かく見積もりを立てたり、収支を計算したりしてからスタートするわけではない。実際、和田は何度も「最初から儲けようとしなくても面白いことをやっていればお金は後からついてくる」と繰り返している。たとえば商業施設を作る時には一般に歩行者量調査で一時間に何人歩いているかが重視されるが、和田は「そんなことだけから出店を決める相手とは仕事をしたくない」と話す。あるものを前提にそれに合わせたものを作るのではなく、これまでにない面白いものを作れば、それがいずれはお金になるという考え方だ。優先順位の立て方が全く違う点もまた、がもよんらしさの一つである。

地域内のネットワークを作る

近畿大学の宮部浩幸《ひろゆき》准教授は、建築や都市の再生、リノベーション、不動産企画などの専門家で、中島氏から和田を紹介された一人だ。教鞭を取るだけでなく、実際の建築再生やまちづくり事業にも多数関わっており、和田の同業者でもある。四年ほど前から学生を連れて何度もがもよんを訪れている宮部氏ががもよんの面白い点として挙げたのは、中島氏の意見同様に飲食中心のまちづくりであること、そしてそれが点としてだけではなく、面としてあることだ。

「話題になった米蔵改装のイタリアン（イル　コンティヌオ）から三軒目くらいまでは、よくここに店を出したな、勇気があるなと感じました。それから徐々にまちのニーズを読み、欲しい店を作ってきた結果、まるでデパートの飲食店街のようになっています。がもよんで店の人たちに『なんでがもよんを選んだの?』と聞くと、和田さんに面倒を見てもらえるからと口にします。イベントや集会所もあると聞いて『町内会?』と思ったほどです。店を超えたつながりがあり、物理的にだけでなく、意識、ソフトの部分でも面、ネットワークと言えるのではないかと思います。」

また、それまでなかったところに店が増えて新しい集団が生まれたことで、外にあった既存の集団からアプローチを受けるようになり、まちを巻き込んだ動きにつながっている点も評価する。

「地元の商店街から『一緒に何かやりませんか』と声を掛けられたと聞きましたが、そんなことはめったにない。凄いことです。」

自ら責任を背負う

さらに最近、飲食店や建物所有者との契約に転貸の仕組みを導入した点も宮部氏は評価する。和田の会社が建物を借りて、それを飲食店に転貸することで、収益を長期にわたって安定させるねらいがある。できることが増える分、負う責任は重くなり、失敗はすべて和田に帰することになる。こうした責任をめぐる問題がネックとなってだろう、まちづくりで転貸モデルを導入している例は少なく、これもがもよんの独自性の一つだと言える。自ら責任を取るから、好きなこと、面白いことに取り組むことができ、それが次に続いているのである。

近畿大学の宮部浩幸准教授

「がもよんモデル」の特徴①

質の高い飲食を核にした稼げるまちづくり

アート、カフェでは稼げない

外の視点からがもよんの独自性を確認したところで、ここからは他にない特徴について一つずつ深掘りして説明していこう。

まずなんといっても大きいのは飲食店をメインに据えてまちを変えてきたという点だ。もちろん、飲食店以外の店舗もあるが、耐震改修から内装までを一貫して和田が手がけてきた三十一軒のうち、二十五軒は飲食店で、改修が進んでいる店舗も一軒ある。また、耐震改修のみを手がけた五店もすべて飲食店である。

では、なぜ、飲食店なのか。大阪では古い街並みを活かしたまちづくりには先行例がいくつかある。テーマはそれぞれで、たとえば大阪市北区の中崎地区では、二〇〇〇年代に入って以降に戦災を逃れた路地や民家、長屋を利用したカフェや雑貨店、ギャラリーなどが集積しており、「カフェ通り」などと呼ばれる通りが生まれている。梅田から歩いても十五分ほどと都心から近いこともあって、国内外問わず若い人たちが集まるようになっている。

同時期には大阪市中央区の空堀《からほり》商店街周辺でも長屋やお屋敷を利用した複数店が入る店舗等への改装がなされ、アートイベント「からほりまちアート」やまちあるきのワークショップなどが行われており、昭和レトロなまちを歩こうと散策に訪れる人も多い。

いずれも、それぞれのまちの個性を生かした例ではあるが、がもよんにおいてはそうした方向性が選ばれなかった。いくつか理由がある。

まずは収益の問題。がもよんを変えるためには空き家を再生し続け、面として変えていく必要があるが、そのためには確実に収益を上げなければならない。「収益にならない、でも貸してください」ではオーナーは動きはしない。一軒の、特定の空き家を再生することが目的であれば、その持ち主が賛同してくれれば済む話だが、不特定多数の、できるだけ多くの空き家オーナーを口説くためには、収益は大切な要素である。

そう考えると、ギャラリーや雑貨店で収益を上げるのは難しい。客が入店しただけではお金にならないからだ。モノを買ってくれてようやく利益になるわけで、入ってきただけで買ってもらえなければ一銭にもならない。

それに比べると飲食は入ってきた時点で利益は確定する。もちろん、人によって使う金額はそれぞれだが、数人来たうちの一人が買う程度の確率とは全く異なる。その意味ではカフェも同じだが、使う金額が少なく、かつ居心地が良いことを売りにするカフェは滞在時間も長くなりがちで、回転率が低い。つまり、時間当たり、一人当たりの単価が低いわけである。がもよんにもカフェの開業希望者が相談にやってくるが、利益を着実に上げる商売としては成り立ちにくいとの考えから、ほとんどの場合、和田は取り合っていないという。

飲食なら地元の満足度も上がる

地元の人たちにとってプラスになるかどうかという観点もある。一生に一度、買うか買わないかのアート作品で商う店ができても、地元の人には地域が変わったとは思えない。雑貨も同様である。だが、飲食店であれば地元の人に喜ばれる可能性が高い。美味しい店が複数できれば地元での暮らしが豊かになるし、多少お高いレストランでも家族の祝賀の日などに行ってみようと思うだろう。和田が関わる以前も飲食店は通り沿いなどにあったものの、大半は均質な味のどこにでもあるような店舗ばかりだった。「あそこでいいか」という消極的な選択肢ばかりだったがもよんに、今では「今日はあそこに行こう」という選択肢が生まれているのである。

また、飲食店は話題になりやすい。テレビや雑誌等で取り上げられる店が地元にあれば、変化を如実に感じるだけではなく、地元への愛や誇りにもつながる。何もないと思っていたまちに、テレビに出るような有名店がある！　それだけで地域の見え方は変わる。

こうした地元の満足度を上げるために、店選びでも独自の手法がとられている。

一つは、営業内容が被る店が出店しないようにすること。様々な種類の店があったほうが利用者にとっては選択肢が増えて楽しいからである。そのため、新たな店舗を作ろうと考える際には「次にがもよんにできたらいい店は何？」と地元の声を聞く。これまでまちになかった店ができれば住む人の満足度も上がる。これは同時に、出店する側からしてもライバルがいないことを意味し、出店にあたって無駄な神経を使う必要がなくなる。

二つ目は、そうした店舗に確実に出店してもらうために和田が自ら出店してもらう店を探し、口説きに行くことだ。一般の不動産会社の仕事は基本待ちである。空き物件があったら、それを告知し、誰かが関心を持ってくれるのを待つだけだ。最近では不動産業界団体が、今後の人口減少で不動産業の将来にも陰りがあるとして、地域密着のエリアマネジメントをこれからの生き残り策として挙げているが、そうした意識のある不動産会社はごくわずか。地域全体を見てモノを考えるという習慣がないからか、空いたところを埋めるだけで精いっぱいである。これに対して和田は、空き物件があるという情報を外に出さず、そこに入る店を自分から探しに出る。待ちではなく、攻めの姿勢でまちに必要な店を呼んでくるのである。この点に関しては地域の地主であるスギタグループが全面的に和田の活動を支援していることも大きい。建物所有者は複数に及び、それぞれに交渉が必要だが、ベースの部分で地主が承諾していることは意思決定に少なからず影響しているのである。

そしてもう一つは、地元を大事にする、地域で愛される人を選んでくるということだ。飲食店は料理の腕も大事だが、それだけでは成功しない。調理師学校を出た人でも全員が成功するわけではなく、プラスアルファの力が必要で、和田はそれを人間性だと考えている。腕だけではなく、人を見て出店者を決めているのである。

個人経営の飲食店に有利な土地柄

飲食中心という選択は、がもよんという地域の特徴にも合致している。第一章でも触れたが、城東区は人口が集中している地域であり、地元に飲食店の顧客がいる。これはコロナ禍では特に強みとなった。地元の人が歩いて食べに来てくれるのである。通り沿いはビル等に建替えられているものの、一本裏側の路地にあるのが小規模な建物ばかりである点もプラスである。規模を良しとする大型店、チェーン店が出店しようと思える場所ではないのである。がもよんに隣接する繁

鶴見通の北側、がもよんとは反対側を中心に城東区でもマンションが増えている

華街・京橋には大手の飲食店が多数あるが、ほんの一駅離れているだけでがもよんに出店しようとしないのはそのためである。

これは個人経営の飲食店にはプラスに働く。二十坪ほどの店舗であればそもそも賃料が安く済み、また、夫婦二人あるいはそこにアルバイト一人が加われば店の営業が回せるため、無駄な出費が抑えられるからだ。この点もコロナ禍で幸いした。賃料と人件費という固定費が抑えられていれば経営は比較的安定するのである。

個人経営が中心だと、地域に密着できるメリットもある。チェーン店はマニュアル対応が基本になりがちで、常連客ができて店員との会話が弾む場面はそうそう見られない。知らない土地で知り合いを作るのに一番手っ取り早いのは馴染みの飲食店を作ることだが、がもよんではそれが自然にできる。食べることの豊かさだけではなく、コミュニケーションの豊かさももたらしていると言えるのである。

「がもよんモデル」の特徴②

飲食店を含むまち全体を巻き込んだマネジメント

物件を借りやすい状況を作る

二つ目の特徴は、誘致して出店した飲食店が経営を持続できるようにサポートし、まちの魅力向上につながるような長期にわたるマネジメントを行っていることだ。

不動産事業者の場合には賃貸借契約がゴールという認識が強く、その後の運営にはほぼタッチしないことが多いが、和田の場合はむしろ契約がスタートとなる。営業マン時代に不動産事業者や工務店との付き合いがあり、実際の物件を扱っていることから不動産には詳しいが、だからといって不動産事業者の常識に縛られてはいない。

まず、出店時にはできるだけ物件を借りやすい状況を作るための配慮がある。一般的に、建物の耐震改修やライフラインの整備等は建物所有者が負担し、それ以外の内装、設備などは出店者が負担することになる。和田はこれらをまとめて手配することで、時間や費用を節約している。また、出店者が自身の負担分を一括で払うことが難しい場合には、一度和田が負担した上で、分割して毎月の賃料に加えて払ってもらう方法をとることもある。さらに先述のように、最近では和田自身が借りて、改修や内装工事等まで終わらせてから貸す、転貸という方法も取り入れている。これなら、営業のできない工事期間中の家賃を支払う必要がなくなり、さらに負担が軽くなる。

出店後も、様々な形で飲食店へのサポートが行われる。たとえば、必ずしも毎回全員が集まるわけではないが、週に一度、定期的に開かれる店主会議がある。二〇一二年のがもよんばる開催のための打ち合わせを機に始まった店主会議の話題は、いまやイベントの段取りに留まらない。ジャンルが異なるとはいえ、同じ飲食業に関わる仲間である。他店の新しいメニューからヒントを得たり、最近の飲食の流行について意見を交換したりと、各々のための情報交換や刺激の場になっている。他にも、スマホ決済についての勉強会や、最近では緊急事態宣言直後にコロナ関連融資の説明会を開くなどしているという。

客をシャッフルする

がもよんの飲食店を強く支えているのは店主同士の仲間意識だ。「まちの仲間になってくれる人に来て欲しい」という誘致当初からの和田の期待通り、他の飲食店と連携してまちを盛り上げることがいずれ自分に返ってくることを皆が理解し、交流が生まれているのである。周年記念に祝いの花を贈り合う、製氷機が壊れた店に自分の店の氷を分けるなどの日常的な付き合いもある。

和田はこうした意識を生んでいる理由の一つとして「客をシャッフルする」という考え方を挙げる。それぞれが常連客を自分の店だけに囲い込むのではなく、互いに紹介しあうことで増やしていくのである。世の中には様々な飲食店紹介サービスがあるが、それ以上に信用できるのは自分が信用している人や気に入っている店からの紹介である。それをまちの飲食店同士で生み出せば、そうした情報サイト以上に役に立つ。実際、がもよんでは仲間同士の口コミががもよんを訪れた人を回遊させているのである。周囲をライバルと思うことと仲間と思うことでは、店主にとっても精神衛生上大きな違いがあるはずだ。

継続的なイベントによるまちへの波及効果

がもよんでは、「カレー祭り」や「肉祭り」など内外向けのイベントと、「親子でお花アレンジメント教室」「新春もちつき大会」など親子で参加できる主に地元の人向けのイベントの二種類を定期的に開催している。毎月のようにイベントが続くこともあり、まち全体としての情報発信が絶えず行われている状態だ。個店でやろうとするとハードルが高く費用もかかるが、集まって協力することで費用は抑えられ、効果も大きくなる。

こうしたイベントは、がもよん一帯のつながりをさらに広げ、まちの意識をも変えつつある。がもよんのイベントには、周辺の飲食店なども紹介制で参加できるようになっている。イベントを通じてまち全体が賑わうことで自分の店の売り上げが徐々に上がるようになれば、もともと新規出店を快く思っていなかった店の意識も変わる。そして、イベント等がメディアで取り上げられるなど外から評価されることで、何もないまちと思っていたがもよんの魅力に気付き、誇りに思い、愛着を持つようになってきている。

建物所有者に「夢」を提供する

これは一方で、建物所有者を口説く際の売り文句にもなっている。どのまちでも空き家再生にあたっては大家の説得がハードルになっている。金銭的に困っているわけではない大家も多く、収益の話だけでは動かない大家もいるため、管理の手間が省けるなど実務的なことから説得に当たることが一般的だ。

しかしそれだけではなく、「夢」も大事な要素だと和田は考えている。自分の空き家が活用されることでまちにプラスの影響がある、子や孫に自慢できるような店ができる、と伝えることで動く大家もいるのだという。特にがもよんの場合、最初に再生された空き物件「イル　コンティヌオ」がまちのランドマークとなっており、空き家がどのように再生されるかは誰の目にも見えている。ボロボロだった空き家が生まれ変わり、地域の人に愛され、テレビにも出る。がもよんの大家にとってはリアリティのある夢であり、再生を考える良い契機ともなっているのである。

「がもよんモデル」の特徴③

耐震改修から始まる空き家再生スキーム

安心と信頼が継続的な収益につながる

三つ目に着目したいのは、耐震改修が空き家再生の前提となっている点である。空き家の活用にあたっては耐震性能が必ず問題になるが、各地の再生事例の中には、耐震改修に関して真剣に取り組んでいないのではないかという例も見受けられる。

だが和田は「まずは耐震性能から」と言い切る。第一章で触れた通り、阪神・淡路大震災時の経験によるものだが、耐震性能を優先する姿勢は様々なメリットを生んでいる。

一つはなんといっても利用する人にとっての安心につながることだ。安心は信頼とイコールでもあり、早い時点で和田と店主たちとの信頼関係が成立しているように思えるのは、耐震改修が出発点にあるからであるように思える。

二つ目は、世の中にありがちな耐震を疎《おろそ》かにした改修ではなく、適法性のある改修に取り組むことで、行政との関係が良好に保てることである。まちに関わろうとする場合には行政との折衝や交渉などが必要になることもあるが、その場合に利用する建物がきちんと法に則っているかどうかは対等な土俵に上がるための重要なポイントになる。ただし後述するように、和田はがもよんにおける事業に対して公的な助成などは受けておらず、行政とは意識的に距離を置き、まちのために要請されれば協力するという立場をとっている。

そしてもう一つ、耐震改修後のメンテナンスや改装など一切の相談が和田のもとに集まる点も重要である。耐震改修から始まる安心と信頼がその後の具体的な仕事にまでつながっており、それが和田自身の収益に、ひいてはまちの継続に寄与している。これは同時に店主たちにとってもメリットである。どの店舗でどのような工事をしたかなどの情報が施工を担当する工務店に集約されているため、作業が早く、朝に割れたガラスが夕方には修理が済んでいることもあるという。店舗の修繕は営業の妨げにならないスピードが求められるが、がもよんでは実に迅速に手配と工事が行われる。

過度の思い入れを抱かず工夫を凝らす

建物を扱う時、意匠、つまり見た目から入ると、趣を残そうとして時に費用をかけすぎることがある。個人宅ならともかく、ビジネスとして古民家を使う以上、経営を圧迫しない改修を目指すことも必要である。その点、耐震改修が本業である和田の場合は、古民家らしさを意識しつつも、収益とのバランスを考え、無駄に費用をかけすぎることはない。

実際、がもよんの店舗設計に建築家などの専門家が関わった物件は、「マニアック長屋」などそれほど多くはなく、多くは店主の気になる店を工務店のスタッフなどと見学に行き、それを参考にアレンジするなどして作られているという。店主がこういうものが良いといえば、よほど街並みにそぐわないものでない限りは口を挟むこともない。

こうした改修の仕方もあってか、がもよんの古民家再生物件は時としてプロの建築関係者からは「きれいになりすぎ」と評されることがある。確かに、実際に訪ねてみると、梁や天井などを見れば古い建物であることはわかるが、それ以外はさほど古さを感じないものもある。ただ、訪れる一般の人たちにはそれでも十分に古民家と評価されていることを考えると、プロは「らしさ」にこだわり過ぎなのかもしれない。
耐震改修は難しいと思われがちだが、第三章で詳しく紹介するように、そこで生活（特に就寝）するわけではない店舗用途であれば、住宅と同レベルの耐震性能を求める必要はないばかりか、店舗ならではの割り切った改修テクニックも存在するという。建築の意匠面に過度の思い入れを抱かず、工夫を凝らして耐震性能をきちんと確保している点は大きなポイントだろう。

コラム
がもよんを語る

行政の均質なまちづくりとは一味違う「和田ワンダーランド」

——建築事務所9《ナイン》　久田一男氏

マニアック長屋を設計した久田一男氏

五軒長屋を一軒に改装した「マニアック長屋」には現在、アーティスティックな作り手たちが入居している。飲食店以外の店舗を模索していた和田が、大阪市内で建築事務所9を営む久田一男氏に相談し、共同で作ったものだ。出会いのきっかけは、「古民家再生」をキーワードに建築家を検索したことだったという。

「上から五軒をピックアップして順に電話をかけていったところ、三軒目がナインで、電話で話をするなり『じゃ、行きますわ』と即答してくれたのが久田氏でした。それで蒲生四丁目交差点で待ち合わせたら、真っ白の変な恰好《かっこう》で現れたんです」と和田は振り返る。何か思いついたらすぐに行動に移す自称「いらち」（関西弁でせっかち、気が短い）の和田は、相手にもそうしたところを求める部分があるそうで、久田氏とは意気投合したという。

その久田氏は、和田の活動を「和田ワンダーランド」と評する。

「個人単位のまちづくりでは一軒程度で終わりがちな中で、小さな箱一つから始まり、それを確実に数を増やして面に展開してきたのはすごいことです。地主との連携はあるものの、普通にはできません。また、これまで行政が作ってきたまちのように均質でなく、飲食中心というよそにない特徴があります。だから、『がもよんにご飯を食べに行こう』と選ばれるのです。和田さんががもよんを歩いていると、必ず周囲から声を掛けられていま す。活動が支持されている証拠ですね。羨ましいという意味も含め、がもよんは和田ワンダーランドです。」

第三章

真似て稼げ。「がもよんモデル」を徹底解説！

この章では第二章でまとめた「がもよんモデル」を大きく八つに分けて詳述する。具体的な考え方や手法をアレンジし、各地の空き家利用に活かしてほしい。

まちのスケールを見定める　〜歩き回れるエリアを集中的に〜

徒歩数分圏内で回遊性を高める

がもよんの古民家を利用した店舗マップを見ると、非常に限定されたエリアに集中していることがわかる。具体的には蒲生四丁目駅の上を東西に走る大阪府道八号線（鶴見通）の南側である。駅からは一番遠い店でも四百mほど。駅のある交差点から見渡せる範囲内にも店舗があり、駅を中心にした半径四百mに店が広がっているのである。古民家再生店舗に加えて、がもよんばるなどのイベントに参加している数多くの飲食店まで含めると、その範囲はもう少し広くなる。

「がもよんばるを始める時に、どこまでを『がもよん』とするかが議題に上がりました。遠いところでは京橋の手前、蒲生一丁目辺りにも参加したいという店舗があったからです。せっかく、参加したいと言ってくれている店舗を除外するのもどうかということになり、最終的には最寄り駅が蒲生四丁目ならよしとすることになりました」と和田。

バル参加店の範囲までを含めると駅から徒歩数分圏内というところだろうか。第二章で紹介したように、がもよんには「客をシャッフルする」文化がある。一軒の店に三十人の常連がいたとして、十軒で三百人。その人たちが十軒の店を回遊するようになれば、自分の常連だけを抱えこむよりもお互いにメリットがあるという考え方だ。歩いて無理なく次に移動してみようかと思える範囲に多様な店が点在していると、客の回遊性は高まる。自分の店の客ではなく、まちに来た客と考え、まち全体でもてなそうよということである。

「店で食べている時に他の店の話が出て、馴染みの店主が『あの店はなんとかが美味い』とか、『あそこの店主はどこやらで修行した人や』みたいな話が出たら、客はそこに行くでしょう。行ってきたら、その話をしにもう一度、馴染みの店に行く。『行ってきた。こうやった』と。そのうち、そっちの店にも行くようになりと、がもよんで二軒、三軒と回遊するようになる。それを考えると、歩いて次の店に行ける範囲に店が集まっていることは大きなポイント。」

世の繁華街といわれるまちには、誰かが意図したわけでもないのに、そうした回遊性が備わっている。一軒目で食事をし、もう少し飲もうかと二軒目、三軒目。それに倣《なら》えば、回遊性のある、まち全体で儲かる仕組みが作れるということである。

計画的・戦略的な店の配置

がもよんの飲食店の性格に注目して立地を眺めてみると面白い点に気付く。

一つは、〝わざわざ行く〟タイプの、価格的にも少しお高め（といってもがもよん価格は世の中の平均からするとそれほど高くはないが）な店は、駅から遠い場所や路地の奥などといった、やや不利な場所にあるという点である。わかりやすいのは「がもよん」のランドマークとなっている「イル　コンティヌオ」である。がもよんの古民家再生店舗のうちでは駅から四百mほどと最も遠い。開業当時に訪れた人は、ただ住宅が立ち並ぶ先に本当にレストランがあるのかと不安に思ったはずだ。だが、そんな立地にこれまでになかった店ができたことで話題になり、ここまでなら人が足を運ぶということもわかった。その後に生まれた店舗がすべて同店よりも駅寄りにあることを考えると、再生するエリアの外枠を最初に作ったと考えることもできる。

この他にがもよんで〝わざわざ行く〟店にあたると思われるのは、同店のすぐ近くの路地を少し入ったところにある日本料理店「蒲生庵《がもうあん》　草薙《くさなぎ》」と、がもよんのそばを走る大きな二本の通り、城東商店街と京阪国道の中ほどにある路地を入ったところにある和食店「真心旬香　色」である。いずれも通りすがりにふらっと入るというより、「あの店に行こう」という目的意識をもってあらかじめ訪ねるだろう店だ。

ここで二つ目の面白い点に気づく。いずれの店も周囲に他の店ができ、人の流れが生まれ、場が温まった後に作られているのである。たとえば二〇一八年四月に開業した「真心旬香　色」の斜め向かいには、二〇一七年五月に開店した「蒲生中華　信」と、その翌月にオープンした「笑月」という二店がある。「蒲生中華　信」はランチ営業も行っており、本格的な中華料理が手頃に食べられると評判で、昼夜人が集まる。地元の人にとっては毎日利用する食堂のような店だ。隣接する「笑月」は夕方から営業しているおでんをメインにした店で、いわゆる〝二軒目〟やバーのように気軽に使える。二店とも、週に何度も通う常連客がいて、界隈に人通りを増やすのに寄与してくれるタイプの店だ。和田にも誘致当初からその期待があったという。

「どうしてもこの路地に賑わいを生み、かつ商店街に店を作りたかったこともあり、中華、おでんについては相場より安価な賃料設定にして出店してもらいました。賃料が安ければ

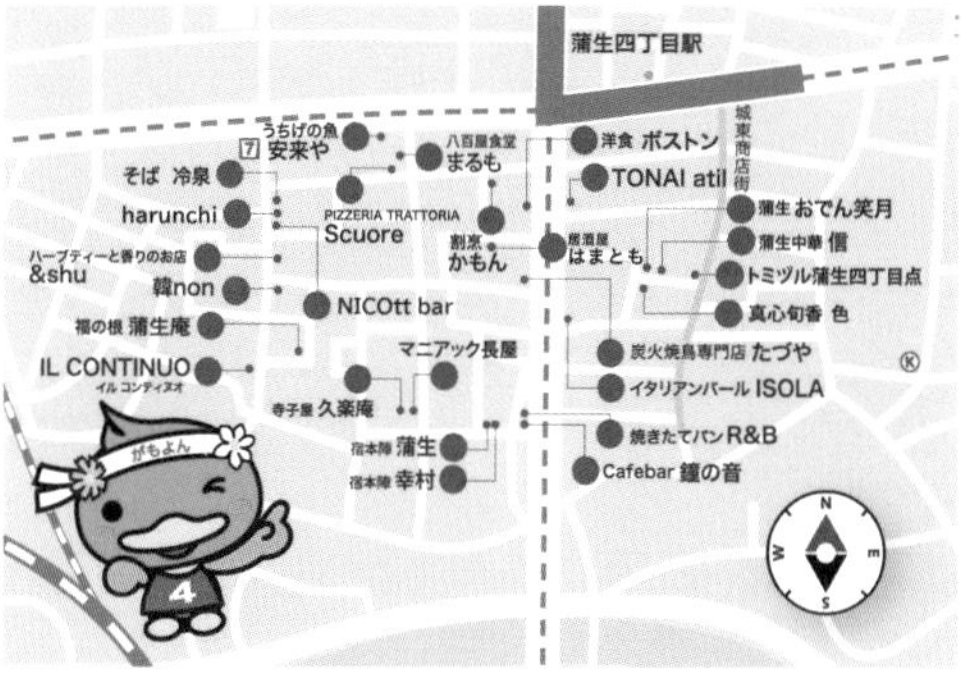

2020年11月時点のがもよんマップ

その分を内装や食材にお金を掛けられるため、必ず評判になる。そこで賑わいを作り、場の価値を上げておくことでその次の店に入ってもらいやすくなるし、賃料を上げることも可能。実際、この路地の入口にある焼き肉店『トミヅル』の賃料は二店ができる以前よりも高めに設定できました。」

「トミヅル」も「真心旬香　色」同様に二〇一八年オープンで、開業時期は五月と立て続け。相次いで同じ場所に三店、四店と異なるタイプの店ができれば、「〇〇が熱い！」とメディアに話題にしてもらいやすくもなる。なお、先に挙げたもう一軒の「蒲生庵　草薙」の場合も、「イル　コンティヌオ」の開業から七年後に飲食店に改装されており、それまでの間に通りには何軒もの店ができている。場の価値を上げてから次を作るような全体を見通した出店戦略が奏功しているのである。

空き家を見極める　～耐震改修から始めるスキームづくり～

行き過ぎた改修のデメリット

古民家といっても古ければ良いわけではない。店舗などとして貸すとなれば、改修費を家賃として回収できることが基本になる。収支が合わないほどの改修はできないはずである。

ところが、一般に行われている改修、特に建築家が主導した事例では、ついつい作品を作るような感覚で考えてしまうためか、必要以上の設計・施工へのこだわりで改修費が膨らんだ結果、高い家賃に設定せざるを得なくなっているケースがある。それでも借り手が付くこともあるが、まちの活性化までを視野に入れた改修の場合、高めの賃料で貸すことにはデメリットがある。

一つは個性の薄い大手チェーン店などが入居してしまうことである。がもよんでも通り沿いは大手のそうした店が入っているが、すべてがそうした店になってしまうとまちの個性はなくなる。

もう一つは、無理して個人経営の店舗が入ったとしても、長く続かない可能性があることである。高額な家賃ゆえに店が定着せず、次から次にテナントが変わってしまうような状況が生まれると、場所にマイナスのイメージが生まれてしまう。

こうしたことを考えると、必要な改修をできるだけ無駄なく、安価に行う必要がある。その第一歩が物件の見極めである。

まず見るべきは建物の重さを決める屋根

では、具体的にどこを見るか。最初は屋根である。

「明治末から大正、昭和の三十年代くらいまでの築造が多いがもよんの古民家は、たいていが瓦屋根。たまに雨漏りを修理し、その際にカラーベスト（スレート）に葺《ふ》き替えてある家があると、こりゃ安心だと思う。耐震改修に使うソフトはシミュレーションゲームのようなもので、屋根、壁、柱、基礎でバランスを見る。そのうち、屋根は建物の重みを左右する部分で、屋根が軽ければそれだけで評点が良くなり、改修費用が節約できる。場合によっては屋根を葺き替えれば他をいじらなくて済むことすらあるほど。」（和田）

瓦屋根には他にもデメリットがある。古い瓦屋根は瓦の間に土を入れて葺いてあるのだが、その土の処分費が高額なのだ。一軒分で数十万円に上ることもある。さらに、がもよんのように路地の多いまちにある物件では、運搬用のトラックが物件の前まで入らないこともある。土を屋根から下ろし、さらに路地を人力で運んでトラックに積むとなると人件費が嵩《かさ》む。こうしたことから、瓦屋根を残すかどうかについては、全体の収支などからシビアに判断する必要があるわけである。

また、二階建ての場合には各階の耐震性能の評点をそれぞれに上げる必要があるため、当然コストが上がる。その点、がもよんには平屋が比較的多かったのが幸いしている。店舗としては使えるスペースは少なくなるが、個人が店を始めるサイズとしては適度な広さでもある。まちにあった建物の性質からみても、個人経営の飲食店を中心にしたがもよんの戦略は賢明だったというわけである。

なお、屋根については、建物の内側から天井を見て雨漏りの有無もチェックする。シミがあったら雨漏りの場所を見極める。日本家屋の押入れは天井が簡単に開くように作られているので、そこから覗いて確認する。併せて瓦が割れていないか、ずれていないかも見る。

「ない」可能性も覚悟して基礎を確認する

次に見るのは基礎だ。現代の建物に慣れた人は驚くかもしれないが、特に戦前からの建物には基礎がない物件もよくある。戦後の建物でも、レンガやブロックなどで簡易に作った基礎になっていることは珍しくない。こういう物件の改修にはコストのかかることが多い。玄関の上がり框《かまち》の隙間から覗いたり、床下収納を外したりすれば確認できる。

開口部から揺れへの強さを見極める

開口部の広さ、位置、全体のバランスも気になる点である。それまで店舗として使われていた建物は、道路に面した壁一面が入口や窓などの開口部になっていて、それ以外の三面は壁という例が多い。建物の三面がコの字型の壁で支えられ、残りの一面には壁がない状態は、耐震の観点から見ると非常にバランスが悪い。建物を真上から見た時の形（平面形状）が不整形の場合、建物の重心（建物の全重量が一つにまとまったとする位置）と剛心（建物が揺れに対して踏ん張る剛《つよ》さの中心となる位置）がずれてしまうことが多く、そのために地震時のねじれ振動によって壊れやすいためである。

建物の地震への強さを考える上で大事なのはバランスだ。形としては正方形に近い形が良いとされるが、そうでない場合は四面のバランスを調整する必要がある。先のような状態の建物を補強するとすれば、大きな開口部のある側に壁などを増やしてバランスを取るか、逆に開口部の反対側にあえて開口部を取ることなどが考えられる。

間口が狭く、奥行きが長い歪《いびつ》な形状である上に開口部が偏る長屋もバランスの悪い建物の一つである。がもよんにも長屋を利用した建物が何軒かあるが、すべて耐震補強がなされている。和田は、古民家、特に京都の長屋の再生事例などでは、十分な耐震補強がなされていない建物が多いのではないかと懸念している。


「建物の賃貸借や売買時の重要事項説明では建物の状況を説明する必要があり、耐震も重要な要素です。しかし、現状渡しということで済ませている例も聞きます。古民家再生のセミナーなどに参加すると、『和田さん、耐震の質問は止めてください』とわざわざ事前に言われることもあります。耐震補強を施さずに再生しているのだとしたら危険。必ずやるべきです。」

そこで暮らさない店舗なら耐震等級一で十分

建物の性能に関しては二〇〇〇年に施行された「住宅の品質確保の促進等に関する法律（以下「品確法」）」が「住宅性能表示制度」を定めており、耐震についての等級は三段階に分かれている。一般社団法人住宅性能評価・表示協会[*1]の説明によれば、それぞれの等級は以下のように設定されている。

● 数百年に一度程度と、きわめてまれに発生する地震力が建築基準法で定められており、性能表示制度ではこれに耐えられるものを等級一としている。
● この場合に想定する地震の揺れの強さは、地域によって異なるものの、東京を想定した場合には震度六強から七程度に相当し、関東大震災時の東京、阪神淡路大震災時の神戸で観察された地震の揺れに相当する。
● 等級は一から三まであり、等級二は等級一で耐えられる地震力の一・二五倍の力に対して倒壊や崩壊等をしない程度を示しており、等級三では等級一の一・五倍の力に耐えられるものとされる。

和田が大きなショックを受けた阪神淡路大震災の神戸も想定して定められていることがわかる。これら三種類の等級のうち、和田が「がもよん」で目指しているのは等級一。詳細に見ると以下のような状況を目指すものである。

- 損傷防止：数十年に一回は起こりうる（すなわち、一般的な耐用年数の住宅では一度は遭遇する可能性が高い）大きさの力に対しては、大規模な工事が伴う修復を要するほどの著しい損傷が生じないこと
- 倒壊等防止：数百年に一回は起こりうる（すなわち、一般的な耐用年数の住宅では遭遇する可能性は低い）大きさの力に対しては、損傷は受けても、人命が損なわれるような壊れ方をしないこと

つまり等級一が示すのは、建物が損傷を受けないわけではないが、人が死ぬようなことはない、という耐震水準である。理想を言えばどんな地震の際にも損傷を受ける可能性のない建物がベストだろうが、強度を高くしようとすればそれに伴って費用が高くなる。店舗であれば等級一でも十分と考える理由を、和田は次のように語る。

「ずっとそこに暮らす、特に夜間にそこで寝る住宅の場合には、壁が多くて使いにくい弊害などがあっても、できるだけ安全なものにしたい、耐震等級も高いほうが良いと考える人が多いかもしれません。しかし店舗は、人が常に起きている状態で利用します。地震が起きても、十分逃げ

改修事例①
イル コンティヌオ

基礎がなかったため、建物内に小型のユンボを入れて建物を残しながら内部を七十五cm掘り下げて基礎を作り直した。周囲が崩れてこないように土留めをしながらの作業だった。面倒だったのは、建物下部が石積になっており、外から見ると石を組んだように見えたものの、実際には楔状の石を並べただけだったことだ。隙間の土は丁寧に人力で除去する必要があり、手間がかかった。土を撤去後、基礎はワイヤーメッシュを二重に入れて生コンを打ち、ベタ基礎に。石と石の間にはアンカーを打って固定して床の強度を上げ、評点を稼いだ（写真）。

　また、柱、梁の接合部分は耐震金物でつないである。屋根瓦はすべて撤去、軽量瓦にした。幸い、公道に面した建物だったので撤去作業は比較的楽だった。内部を掘り下げたことで元々は百八十cmほどしかなかった天井高がプラス七十五cmされ、店舗として使うのに十分な高さを確保できるようにもなった。開放感を出すために天井高を取ることは大事だ。

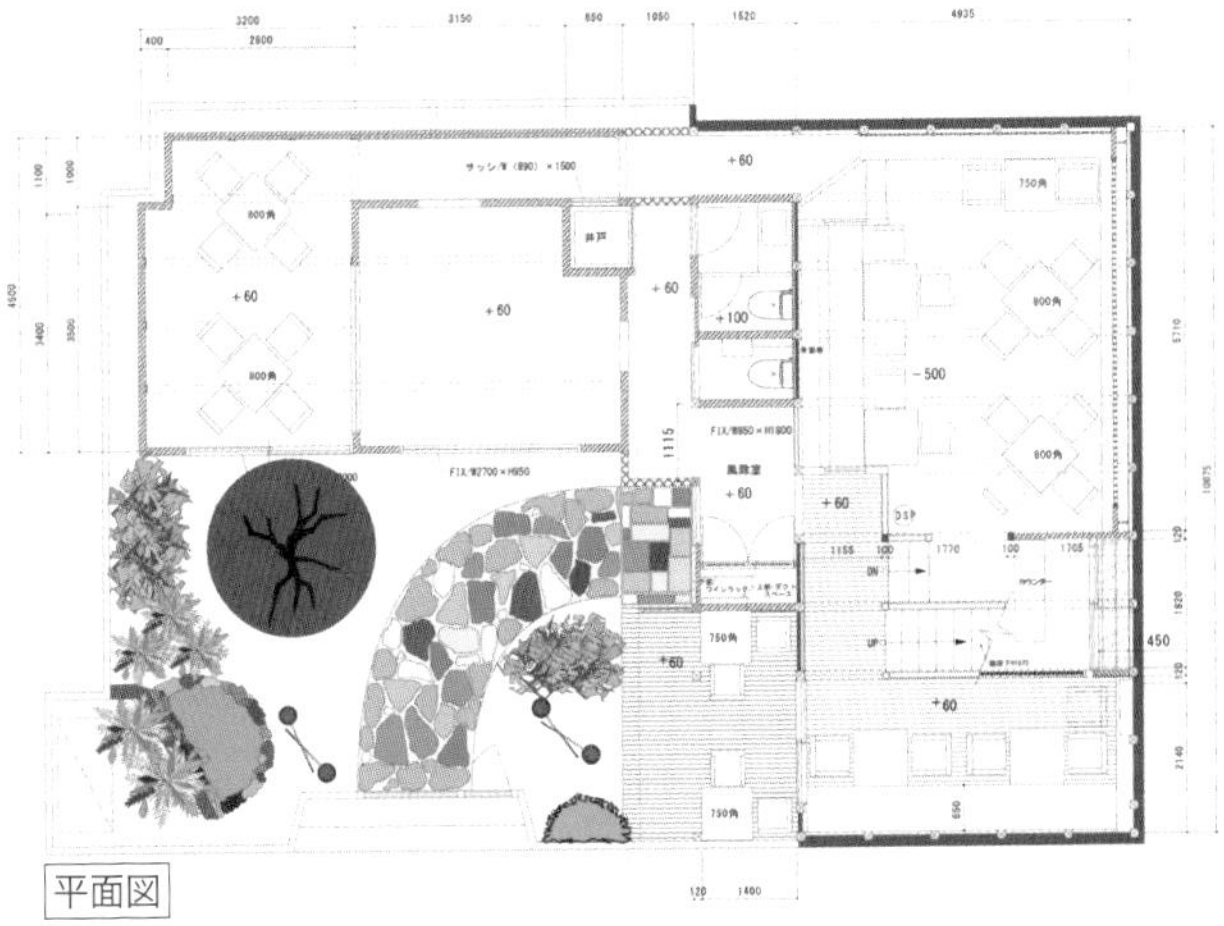

平面図

られるはずです。それを考え、耐震等級は一を基本に改修を行っています。」

コンクリート基礎をそのまま床として使う

耐震改修に関しては店舗には大きなアドバンテージがある。住宅の場合に居住性を考慮すると採用しづらい手段が、店舗なら選びやすい点である。

たとえば、基礎にコンクリートを打ち、そのまま床として使用する方法は、費用をかけずに建物全体としての耐震性能を高められる改修プロセスである。住宅として使う場合は、一般的にコンクリート基礎の上に床板を張ることが多い。そのままでは硬く足腰が疲れるなどのデメリットがあるためだ。一方で、汚れが気にならず手入れが楽なことや、床を塗ることでインテリアとしてアレンジがしやすいといったメリットもあり、店舗であればむしろこちらの方が好都合になると考えられる。

なお床の傾きについても、和田は全く問題にしないと語る。

「いくら傾いていると言ってもたいていは畳の厚さくらいまで。だとしたら、畳を除去して床の傾きだけを補正したらそれで使える。同じように白アリも一般の人は気にするが、柱を替えればよいだけの話。さほど問題はありませんね。」

改修事例②
焼き立てパン　R&B Gamonyon／cafe bar　鐘の音

今里筋沿いという好立地のため、一軒丸ごとで貸そうとすると家賃が高くなりすぎるため、借りてもらいやすくするためにあえて二軒にした。一軒を二軒にするためには壁を増やすことになる。それ自体は問題ないのだが、建物が傾斜地に建っており、傾いていた（写真）。道路側から奥に向かって沈み込んでいたのである。しかも、それを補強しようとしたのだろう、工事を始めてみたところ、鉄骨のフレームが入っていることがわかった。耐震改修のプログラムには傾いている建物への対処法はなく、また、鉄骨造と木造では改修の方法が異なる。そのため、鉄骨はないものとして木で下地を作って壁を面として補強。こまめに耐力壁を作ることで対処した。ちなみに一軒を二軒にすることよりも、長屋で五軒、六軒あるうちの一軒だけを改修することの方が難しい。一部が強くなったことで逆に他の住戸とのバランスが悪くなる可能性もあるので、できるだけ全体のバランスを保つことを意識したほうがいいかもしれない。

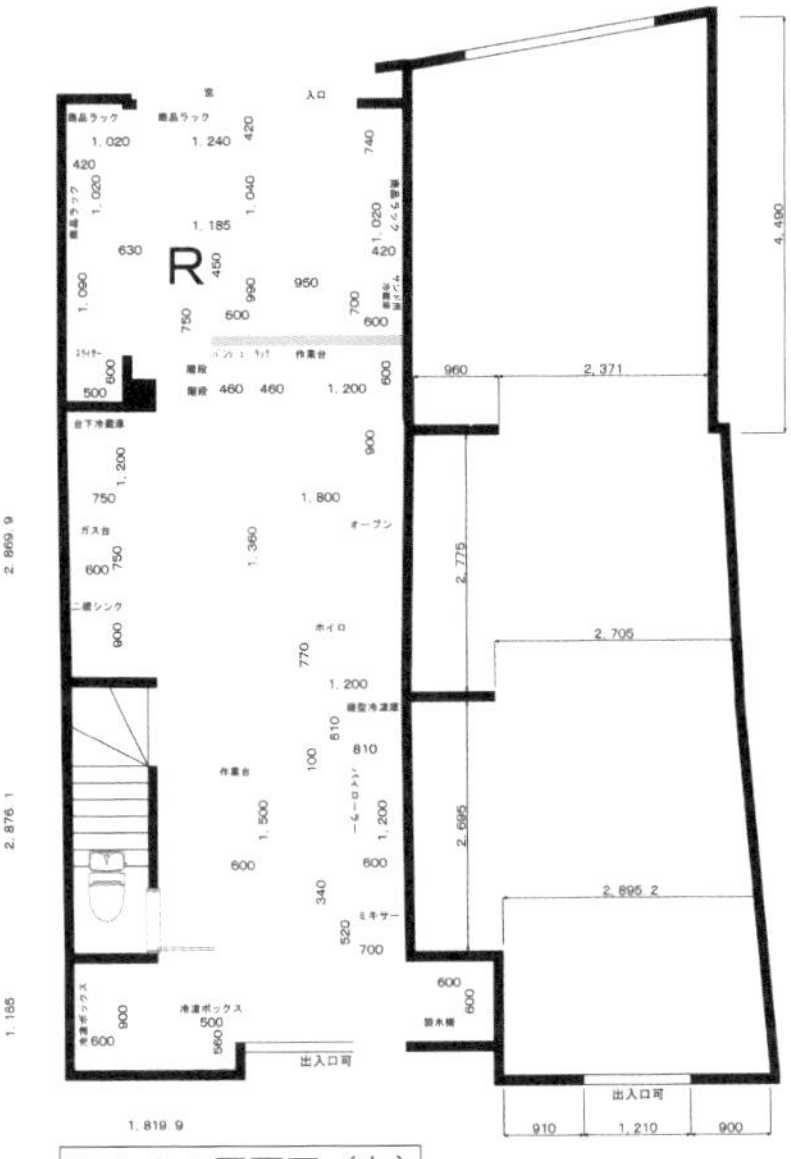

R＆Bの平面図（左）

屋根はスレート葺きで施工する

同様に屋根に「スレート」を用いるという手も店舗なら使いやすい。スレートとは、粘土板岩の薄板を使用した屋根材のことで、一般的な住宅で使われているのはセメントに繊維状の素材を混ぜて薄い板状に加工した化粧スレートである。約数ミリ程度と薄くて軽量な上、品質が安定していて作業性が高く価格も手頃という特長もあり、コストを抑えて屋根を軽くしたい耐震改修にはうってつけである。がもよんにある五軒長屋をアトリエに改修した物件「マニアック長屋」は、その実例の一つだ。瓦葺きにすると数百万円かかるところが、スレート葺きにすることで百万円ほどに収まったという。

一方でスレートには、雨が降ると音が響いたり、断熱性能が高くなかったりといったデメリットがある。そのため、施工する場合には防音や断熱などを考慮する必要があるが、店舗や工房であれば多少の音は許容されることが多く、断熱に関しても業務用の冷暖房を使えばかなりカバーできる。

快適性の確保も収支優先で柔軟な選択を

快適性についても割り切った考え方がなされている。たとえば断熱の際の古民家らしさとの両立に関しても、予算に合わせてフレキシブルに考えているという。木製の窓を残せば見た目は良いが、断熱性が低いため快適性は格段に落ちる。そこで、サッシに替える際も木目調や黒の商品を選んだり、断元々は屋根のところどころから空が見えるほど荒れており、さらに五軒長屋のうちの一軒はかつて火災を出したこともあった。だが、それまでのがもよんにはなかった広い空間が欲しいと改修することにした。傷みが激しかった屋根はスレートに変えて軽量化した。床はコンクリートで打ち、基礎をそのまま使うことで改修費用を削減、建物の強度を上げた。長手方向の真ん中に柱のない、広い通路を作るべく、建物内部の壁を一部撤去、残した壁はすべて合板で補強して耐力壁としてある（写真）。古い木造の建物でありながら内部は開放的に広く見えるので、建築に詳しい人たちには、これで評点が取れるのかと驚かれるが、屋根をスレートに変えることで上部を軽くし、床をコンクリートで強くすれば十分可能。ただ、スレートには夏は暑く、雨音が響くなどデメリットもあり、それでもいいと思い切ってしまう必要がある。ほかではなかなか、そこまで思い切れないのだろう。

改修事例③ マニアック長屋

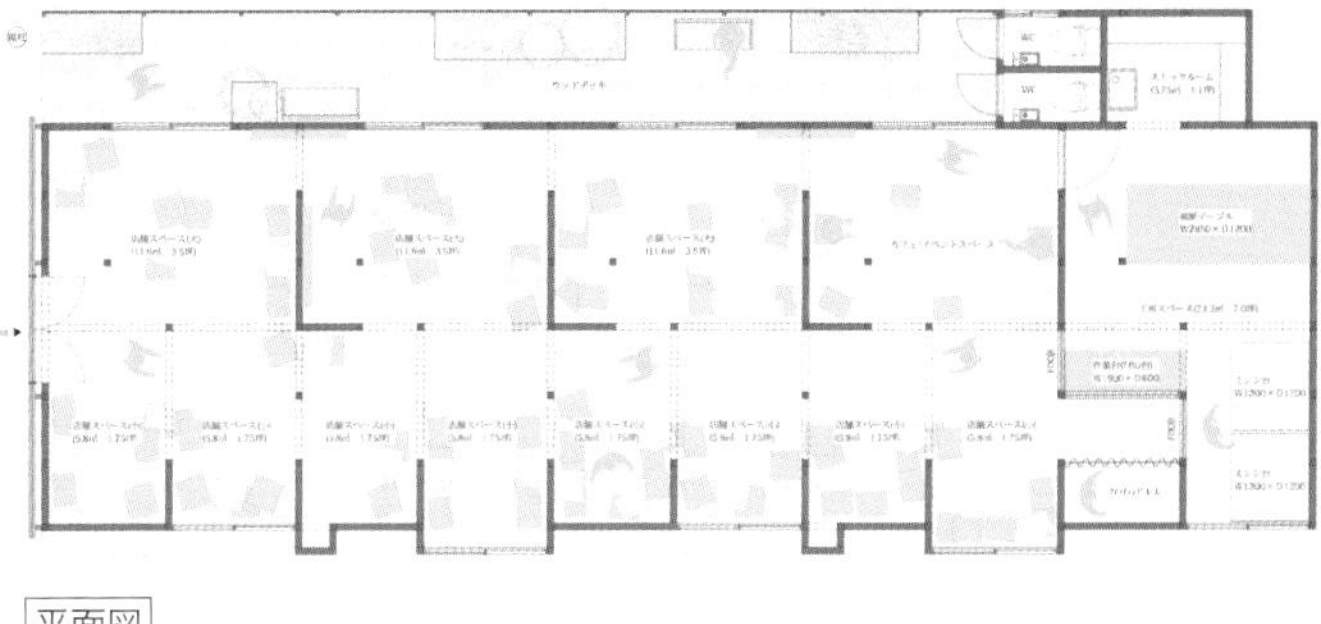

平面図

内側に木製の建具を入れたりといった工夫をしているそうだ。

「食べている時にすきま風が気になったら食事が楽しめなくなってしまうので、快適性もある程度は担保しなくてはいけません。ただ、住宅並みの快適性まで求めると改修費が高額に及び、収支が合わず継続できません。」（和田）

耐震改修の予算は上限三百万円が目安

古民家再生の事例では住宅同様の性能を前提にして多額を投じるケースも散見されるが、がもよんでは、住宅と店舗等で使い方や求められる環境等が異なる点を冷静に見極め、安価な改修・再生を可能にし、その分、各店舗の経営を安定させることに成功している。

それでは、改修にいくらまでの予算を見込むべきなのだろうか。一つの目安としては二百〜三百万円で、上限は三百万円くらいまでにしておきたいと和田は明かす。これは、後述するように建物の所有者を口説くための現実的な数字という意味がある。金融機関から借入をしてまで投資しようと思う大家は少ないが、三百万円くらいなら借りるまでもなく出資できる場合が多いのが、この額にこだわる理由の一つだ。手持ちで融通でき、かつ収益が上がるならば試してみようか、となるわけである。

また、出資が難しいという大家の場合でも、和田がその分を出資、家賃分の支払いから相殺するなど個別の方法を考えることもある。

市民農園でローリスク・ローリターンの活用

改修費が明らかに三百万円以上の高額に及びそうな物件は、基本的に最初から対象としない。戦後の安普請《やすぶしん》の建物も、手を入れるほどの価値がないと対象にしないことが多いという。

「戦前の建物は素材もまだ良かったし、技もあった。だが、戦後の建物は木の足場を梁《はり》に使っていたり、ブロックが束石《つかいし》になっていたりと材料不足による手抜きも多い。わざわざ費用をかけて再生するほどの価値はないと感じる物件が多いですね。」(和田)

ところが、改修に見合わないと判断した際に、珍しい活用に出た例がある。二〇一八年に近畿地方を中心に大きな被害を出した台風二十一号で、がもよんでも古民家四軒のある一画がダメージを受けた。改修には多額の費用がかかることが見込まれたため、取り壊して更地にした。百四十坪とまとまった広さがあるが、通りからは奥まった住宅街の中である。無難に活用するなら一般にはコインパーキングにされてしまうところだが、それでは面白くないと考えた。

そこで思いついたのが市民農園だった。全国的にこの数年、借りたい人が増えている市民農園だが、大阪市内にはまだ数が少ない。虫やカラスが来ると文句を言う人もいるだろうが、コインパーキングよりは面白いだろう。農作業の合間に隣の区画の人たちとコミュニケーションが取れるようになれば、まちのためにも役立つだろう。そんな判断である。農園にするだけならさして費用はかからない。整地し、区画割りをして塀を作る。農業用に土を入れ、農具の置き場、水場を作り、ベンチを置く。これだけである。

一区画のサイズは二・五m×二mで五㎡とした。コンパクトだが、これ以上広くなると趣味の域を超えてしまう。貸し農具・水道完備で、週数回の水やり代行サービスを付け、使用料金は月額四千円(年間一括払い。別途消費税)に設定。二〇一九年三月から募集を開始したところ、一カ月ほどで三十区画すべての初年度利用者が決まった。利用料金については「安い」という声も多かったそうだ。それで月額十二万円×十二カ月の売上になる。年間にすると百四十四万円で、この土地の固定資産税は年間三十三万円。宅地のままなので、それなりの額の税金がかかるが、それを払っても十分収益が上がる。ローリスク・ローリターンでよければ、都市部ではこんな活用の仕方もあるのである。

中長期的な視点でまちに必要なら例外も

一方、費用が嵩むことがわかっていても、まちに必要と判断すれば改修、活用するケースもある。

好例が前述のマニアック長屋だ。屋根をスレート葺きにする、基礎のコンクリートをそのまま床にするなどのコスト軽減策を講じたものの、耐震改修には総額で五百万円かかったという。目安としている三百万円は大幅にオーバーしている。物件単体の収支で考えれば合わない計算だったが、長期・中期・短期と様々な角度でまちづくりを見て判断することも時には必要だと考えたという。

「五軒長屋のうち、一軒は火災で被害を受けており、屋根は落ち、壁はなく、そこに残置物が大量にあるなど状況が非常に酷かった物件です。ただ、どうしても飲食以外の店舗を作りたかったのですが、ほかにふさわしい建物がありませんでした。広いスペースがあって人が集まれる、年に一度はがもよんグッズを作ってもらえるようなモノ作りの工房に来てもらいたかったのです。それで、費用がかかることを承知で改修することにしました。大阪でリノベーションを中心に設計を手掛けるナイン[*2]の久田一男に依頼するなど、デザインにも凝っています。」（和田）

耐震診断資格者講習と実務で見る目を養う

では、どの程度の耐震改修が必要になるのか、そしてその費用がいくらくらいになるのか建物から見定める目は、どう養えばよいのだろうか。

まず一つは、耐震改修についてよくわかっている工務店と組むことだろう。ハウスメーカーの下請けが主な業務である新築工事中心の工務店では、軀体や骨組みまで触れないことが多い。建築は人の命を守るものである。間違っても、見た目だけ良く、安全が確保されていない改修をそうした工務店と行ってはいけない。

二つ目は、自分で耐震改修の知識と経験を積むことである。典型的な入口は、一般社団法人日本建築防災協会が実施している耐震診断資格者講習／耐震改修技術者講習だ。[*3] 講習は鉄筋コンクリート造、鉄骨造、鉄骨鉄筋コンクリート造、木造の四構造に分けて行われており、古民家を扱うなら木造の分野である。毎年一回、六～八月にかけて東京、大阪、福岡、金沢の四会場で二日間の講習が行われ、終了後には講習修了証明書が交付される。ただし、受講資格は一級建築士、二級建築士、木造建築士となっており、これらの資格がない場合には、そちらの資格取得からスタートということになる。

もちろん、外部に診断を依頼することもできるが、和田は勧めないという。

「外部の業者に頼むと、事後の責任問題を恐れて厳しいことを言いがちで、それに従って改修すると費用が高くつきすぎることになります。自ら耐震改修からライフライン関連の工事、内装まで一気通貫でやることで、コストカットにつながる知恵も生まれてきます。数をこなすことで自分の中にノウハウが蓄積されるので、実務経験を積むことが大事です。」

ある程度の数を見ると、目にした瞬間に評点がおおよそ想定できるようになってくるそうで、そうなればしめたもの。実際にはソフトのプログラムが診断をしてくれるので、それほど難しいものではないという。資格もノウハウも一度身に付ければ一生役に立つ。古民家再生で食っていこうと思うなら、資格取得は検討してみるべきだろう。

大家を口説く　～周到な準備でお金の話も曖昧にしない～

後回しにせず費用と収益の話をまずぶつける

空き家再生にはいくつものハードルがあるが、そのうちで多くの人たちが好手を見出せていないのが大家の口説き方だろう。建物の所有者にとってみれば、全く出費をせずに済むならともかく、多少なりとも出費が必要なら、おおざっぱにでもその額を早めに知りたいと思うのが普通だ。しかし、最初からあからさまにお金の話をするなんて下品と思ってか、ある程度話が進むまで費用や収益の話が出ないことも多いと聞く。やがて大家側がそれに焦《じ》れ、相手を信用できなくなり、結局破談になってしまっている例も少なくないのではないだろうか。そう考えると、お金や収益の話は避けず、むしろ大家に行動を促すために最初からすべきだろう。和田も、お金の話を含め「喧嘩は最初にしておく」

ことを心掛けているという。奥歯にものが挟まったような言い方では信頼は築きにくいのである。

実際、和田は、事前に借りる人を探し、賃貸借の条件をある程度詰めておいて、想定される出費額や収益の話などを最初から大家にぶつけるというプロセスを踏んでいる。空き家を改修して貸すための工事のうち、耐震改修と電気、ガス、給排水などのライフラインの整備にかかる工事を、がもよんでは「A工事」*4と呼んでいる。これは大家が負担することになっており、大家からすると投資になる。大家を口説く際は、当初にある程度の費用負担があっても、最終的にはちゃんと元が取れるので損はしないこと、そして投資した額以上に収益が大きくなることを伝える。具体的には次のような要領だ。

がもよんでの空き家の賃貸借契約は定期借家で十年である。個人経営での出店の場合、当初の賃料として想定するのは、月額十万円前後が多い。月額十万円で貸すとすると、一年間の家賃総額は百二十万円。三年で三百六十万円になる。一方、大家のA工事への支出が三百万円であれば、固定資産税が年間二十万円×三年かかるとして、三年間での大家の支出は三百六十万円。つまり、三年間貸せば返ってくる算段だ。四年目以降は、月額十万円の家賃がまるまる収益になる。十年間で家賃が千二百万円入るとすると、三百万円を投資したら固定資産税を払った上で、七百万円も返ってくるのである。もし貸さなかったら、十年間で二百万円の固定資産税が出て行くだけだ。こんなにお得なことはない、と和田は大家を口説く。

借り手を見つけていることは最後に明かす

「それに店が完成したら、これまでかかっていた維持管理の手間がなくなり、ご近所からやいのやいのと文句を言われることもなくなる。テレビや雑誌に載るようないい店ができれば自慢できるし、子どもや孫も喜ぶでしょう、地域のためにもなりますわ、と立て続けに話すと、『そんなうまいことを言うけど、借りる人を見つけられるんか』と必ず言われます。その時点ではホントはもう見つけてあるわけですが、そこではまだ言わない。さらに質問が出るからです。」

十年なんて言うけど、その前に店が出て行くかもしれない。そうなったらどうする。三百万円かけて、三年しないうちに出て行かれたら回収できなくなるじゃないか——。

この質問には契約時の条件を説明して答える。十年の定期借家契約で、三年未満の解約の場合には保証金を放棄し、三年未満分の家賃を違約金として払ってもらう契約にしているのである。店側としては二年で辞めても、三年で辞めてもかかる費用は同じである。そうなればなんとか三年は頑張ろうとするはずだ、と。過去には三年未満で店子が出てしまった例もあったが、店がうまくいかなかったことによる経済的な理由ではなく、家族の看病・介護の必要に迫られてのことだったという。こうした事態は未然に防ぐことが難しいが、それ以外であれば契約の要件で安全策を講じてあるわけだ。

ここまでやりとりができるということは、大家はすでに貸すことに関心を寄せ、貸してみてもいいかもしれないと思い始めている。実際に貸したらどうなるのかまで考えていなければ、三年未満の撤退に関する懸念について質問は出ないからだ。ここで初めて、和田は「実は借りたいという人がいるんですよ」と切り出すのである。

「十年経ったら必ず返ってくる」もポイント

なおここでは、十年の定期借家で借りるという条件自体も承諾を得やすいポイントになっている。重要なのは、期間を区切って貸すだけであり、契約期間（がもよんの場合は十年）が終了したら物件は必ず所有者のもとに返ってくるという点である。所有者が親族と権利関係で揉めていたり、あるいは周辺住民などとトラブルがあったりする場合でも、売り渡すわけではなく、十年貸すだけだという条件なら、それほど問題なく受け入れてもらうことが多いのである。

定期借家の仕組みについては、知らない人が（不動産会社に所属する人の中にさえも）未だに多く、一度貸したら返ってこないのではという誤解や懸念を抱く人も少なくない。大家以外の関係者で誤解している人たちにも説明し、後でもう一度貸すかどうかはともかく、とにかく十年経ったら問答無用で返ってくるのだ、と納得してもらうことが肝心である。

時には「そこまでしたいなら買ってくれ」という人もいるが、和田が相場を調べ、いくらくらいなら売れますよと伝えると、逆に欲が出るのか、やっぱり売らないという展開になることが多いという。

「買ってしまうとキャッシュアウトする可能性もあるので、できるだけ借りたい。ただ、売りたいという人には逆らわず、面倒でもきちんと調べてあげることが、信頼関係のためにも大事と考えています。」

語る夢に説得力を与える「最初の物件」の成功

先述のように、必ずしも生活に困っておらず、損をしたくないという大家の気持ちを動かすためには、金銭面と夢の二つの角度からの説得が重要になる。がもよんで夢を語る際に大きな説得力となっているのが、第一号の案件だった「イル　コンティヌオ」の存在である。あの物件を見れば、おんぼろの空き家でも改修次第で大きく変わることが誰にでも実感できる。

この経験から、和田はまちの賑わいづくりにおいては最初の物件の成否が大事で、できれば地域のランドマークになるような物件を作って成功できると良いと話す。そうすればそれが地域において目に見える夢となり、大家を口説く武器になるからである。もし一軒目にそうした大型物件を手掛けることが難しければ、小さな物件を三軒くらい揃えるのが次善策だ。三軒目までは助走期間で、そこを凌《しの》げると以降は自然に動くようになるそうだ。

「小さくても一つの長屋に三軒の店を一度に作るなど、ほかと違う目立つものにする必要があります。地域にとってインパクトがあり、メディアの関心を惹く店舗が作れれば、二軒目が少し楽になるはずです。」

一方で、利益を生むこと、管理の手間がなくなること、そして地域のためになることを順に説明してもダメな場合、それ以上しつこく追い続けないことも大事だと和田は話す。言うべきことを伝え、それでも動かないようなら、とりあえず諦めることも必要だと考えているのだ。

まちに必要な店子《たなこ》を選ぶ　〜飲食中心で確実に稼げるまちに〜

質の高い飲食は暮らしの風景を変える

がもよんは飲食をメインに店舗を展開している。第二章で述べたように、入店した時点で確実にお金が落ちるため、ビジネスとして成り立ちやすいこと、それゆえに空き家の所有者にきちんと収益が回る仕組みにしやすいことがその理由である。また、地元の人に喜ばれやすい点も大きい。わざわざ遠くまで出かけて行ってでも美味しいものが食べたいという人がいる時代である。近所におしゃれで特別感のある店があれば、地元のハレの日が楽しくなるはずだ。

この十年ほどでがもよんの暮らしの風景は大きく変わったと和田は言う。

「以前はジャージに突っかけサンダルで歩き回る人の姿をよく見かけたし、飲食店に行くのに予約がいると考える人はおらず、予約なしで入って来ては席がないと言われて怒る人も多かった。でも最近ではそんな姿で歩く人はあまり見かけなくなったし、楽しみにして予約を入れて来てくれる人、家族の記念日にはあの店に行こうと言ってくれる人が増えました。良い飲食店が増えたことで住んでいる人にも楽しいまちになってきていると思います。」

がもよんの飲食店は総じて質に比してお手頃な価格である。がもよんのランドマーク「イル　コンティヌオ」は、土地の所有者である杁田氏からの注文で、開業時、ディナーでも三千九百円からスタートしている。金額以上に良い雰囲気の場で美味しいモノが食べられる、その満足感がリピーターにつながっているのである。

「募集中」を公にせず希望者の本気度を量《はか》る

では、どうやって質の高い店子を選んでいるのだろうか。まず、他の地域と全く違うのは、空き物件があっても「募集中」の看板は出さない点である。

「以前、看板を出していたこともあったのですが、電話に出るなり、『家賃、いくら？』などと聞くだけの失礼な態度の人からの問い合わせが多かったのです。そんな人には来てもらいたくない、と考えて、掲示しないことにしました。」（和田）

自分は客だぞ、借りたるわ、という意識が透けてみえるような場合、相手にはしない。また、自分の料理や出したい店の特色がわかっていれば、どこに、どんな店を出すべきかの理想像があるはずだ。それを明確にせず、調査も怠ったままで出店しても、成功するわけはない。どこでもいいから店を出したいのではなく、がもよんで店を出したいと思わなければダメだと和田は話す。本気でがもよんに店を出したいのであれば、まず訪れて地域を歩き、どんな店があるかをチェックし、実際に店に入ってみるなどのリサーチをかけるはずだ。がもよんの飲食店に入ってきて店主に出店について相談する人がおり、加えて店主がこの人なら大丈夫そうだと思えば、和田を紹介されることもある。

「がもよんは飲食店同士の仲が良く、一緒にまちを盛り上げているからうまく行っている。そこに、この人とうまくやっていけるかなと疑問を抱いてしまう人が入ってくるのは困る。同業者同士、人を見る目があるはずなので、それを信頼しています。」

掲示を出さないことで店を出したい人の本気度が量れ、さらに同業者からのチェックも入れば、出店希望者はそこである程度のふるいに掛けられることになる。逆に言えば、その二つのハードルを越えて和田に会いに来る人ならかなり有望とも考えられる。空き家募集を公にしないことには実は大きなメリットがあるのである。

地域の人が欲しい店をスカウトする

募集広告を打って待つだけの普通の不動産会社の手法とは逆の点が和田にはもう一つある。自分で地域に欲しい店を地域の人に聞き、それにふさわしい店を探してスカウトしに行く点である。

「まちの活性化を考えたら、ドラッグストアやラーメン屋ばかり並ぶのは歪《いびつ》だし、出店する側からしても競合ばかりのまちで営業するのは辛い。それよりも今のがもよんに何が足りないか、どんな店が欲しいか、地元のニーズを聞いて、既存店と競合しない方向性を考え、それにふさわしい店を探しに行くほうが、まちにも、店主にも、住む人にも嬉しいはずです。」

がもよんの認知度が低かった当初は打診しても百％断られたそうだが、一度二度では和田は諦めない。第一章で紹介したように、しつこく口説く。そして、これはどうしてもダメだとなったら同種の店を探し、それをまた口説く。がもよんの店はそうしたスカウトによって増えてきた。がもよんがある程度有名になってからは、ここに店を出したいと新地や福島など大阪の飲食店激戦地からの連絡も増えているという。

既存店舗と競合せず共存できる店を作る

先の和田の言葉にもあったように、がもよんには既存店舗と同業種を誘致することはない。無駄な競合を作らないためだ。

もちろん、類似の店舗はある。たとえばイタリア料理店は現在三軒あるが、それぞれに特徴があり、客は場面に応じて選び分ける。接待や会食、記念日デートなど場の雰囲気を重視したハレの日の舞台なら「イル　コンティヌオ」を選ぶだろうし、友人や家族と気軽にわいわい飲みたいなら、二階に座敷があり子どもや高齢者のいる家族も利用しやすい「イタリアンバール　ＩＳＯＬＡ」だ。もう一軒の「スクオーレ」は本格的なピザ窯が売りの店で、昼夜問わず家族連れや年配の夫婦などを中心に様々な客で賑わう。前二者よりもこぢんまりとした静かな雰囲気が特徴である。一、二度訪ねただけでも、雰囲気や価格帯などから、選ばれる場面の違いがわかる。競争することなく共存しているのである。

二〇二〇年六月には、蕎麦店「そば　冷泉」ががもよんに開業した。それまで麺類を扱う店がほとんどなかったため、あっさりとした昼食や、お酒を飲んだ後の〃シメ〃として和田も待望していた店だ。ざるそばが千三百円という北新地の高級店で修業してきた地元に暮らす職人が店主である。

「奥さんからメールで問合せが来たのですが、しっかりとした丁寧な文面で、この人たちなら大丈夫だろうと思いました。」

地域に溶け込めるかどうかが成功の要件

飲食店は誰にでもできる反面、すぐに辞めてゆく人が多い商売だ。

「飲食店に掛けてある食品衛生管理責任者の札、あれは五年ごとの更新になっているのですが、更新率、どのくらいだと思いますか？　驚くことに七％くらいだそうです。家賃がしんどいとすぐに滞納する人もいます。そんないい加減な人もいる業界の中から、長く続く店、地域に愛される店を作ってくれそうな人を見抜かなくてはいけないのです。料理の腕は当然に必要ですが、料理の上手い人ならたくさんいます。」（和田）

それでは、成功する人と失敗する人の違いが何か。成功するためにあなたはどこで勝負するのか。和田はそう出店希望者に尋ねるという。価格、と答える人も多いそうだが、物量で勝負する大手の店ならともかく、個人店で薄利多売では儲からない。

「飲食は、サービス業でありエンターテイメントでもあります。飲食の成功もまちの成功も最終的には人です。特にがもよんは地元のお客さんが中心ですから、地域に溶け込み、そこで愛される人や店でなければうまく行かないのです。それがわかっていなければがもよんでは成功しません。」

ただ、ここまで厳しく相手を見ていても、時としてうまく行かないこともある。

「十年間、家賃はきちんと払ってくれましたが、まともに営業していない日の多かった店が過去に一軒ありました。ガラガラなのに、来た客には『いっぱいです』と断ってしまうなどやる気がない様子でした。それではその店のある通りにマイナスの影響が出るため、契約途中で、『店を開けるように』という文言を契約書に追加しました。その時は『ちゃんと営業します』と言っていましたが、結局はそれでもダメ。想定外でした。」

家賃と席数を基準にした経営計画のアドバイス

飲食業界で店を出そうとする人は、初体験の起業に当然不安を抱える。ところが、一般の不動産会社は、物件を紹介できても、そこにどんな店が作れるかについては適切なアドバイスができない。飲食業の経験が豊富にあり、かつて家人の出店を手伝ったことで開業への不安に関しても適切にアドバイスできる和田の強みはここにもある。最初から経営を考えた出店計画ができているのである。

まず基本となっているのは、坪当たりの客席数から店全体の席数を決め、客単価などを順に想定していく考え方である。一般に、坪当たりの客席数は、ゆったりした設えの高級店で一・五〜一・七席とされる。がもよんで多い長屋利用の二十坪の店なら、半分の十坪が客席として十五席取れる計算である。もう少し庶民的な店になれば坪当たり二席になり、さらに大衆的な居酒屋であれば二・五〜三席程度になることもある。客単価が減る分、坪当たりに多めの客席を置いて収支を合わせるという考え方だ。

　同時に、家賃から毎月の売上目標を考える。一般に飲食店では家賃は月収の一〇%あるいは三日分の売上で稼げと言われる。家賃十万円の店舗で前者の考え方に則ると、百万円の売上が目標になる。月に五日は休業するとして、営業日数二十五日で百万円を稼ぐためには一日四万円の売り上げが必要になる。

　ここでもう一度、客席数に戻る。家賃十万円で二十坪のがもよんで標準的な店だとすると、客席数は十五席。そこで一日四万円を稼ぐためには、一席当たり一日二千七百円を稼ぐ必要がある。毎日必ず満席になるわけではなく、四人掛けテーブルを中心にした店なら使わない席も出てくるだろうし、逆に二回転する日や席もあるはずだが、さしあたりここでは一日一回転に固定し、客席の稼働率を七割程度で考えるとすれば、少し高めに一席当たり一日四千円を稼ぐことが目標となる。

　それでは、一人当たり四千円を使ってもらうために、どんな料理を出したらよいのかを考える。ビール一本、料理二、三品としたら、どんな料理で単価はどのくらいにすればよいか。そこまで考えてくると、皿の大きさや、テーブルなど家具のサイズが想定できるようになるし、席数と料理の関係から必要な人員配置も見えてくるのである。

　あらかじめこうしたことを見通した上で改修できれば、テーブルの配置や動線に無駄がないように設計することもできる。コロナ禍後の店舗計画なら、これまで以上に換気に気を配る、席の配置に一段と配慮する、入店後すぐに手が洗えるようにするなどの工夫も必要になるかもしれない。
専門のコンサルタントに頼めばこれらのノウハウも簡単に知ることができるが、個人店でそのフィーを払うのは大きな負担となる。だが、がもよんなら和田がいて、一緒に経営を考えてくれる。安心して出店できると思われているのは当然だろう。

カフェ希望者には「やめとき」

リノベーションで空き家に店を作ろうという場合、最初に検討されるのはカフェである場合が多い。素人に近い状態でも開業しやすいと踏まれてのことだろうか。しかし第二章で触れたように、和田はカフェの出店希望者はほとんど相手にしない。客単価を上げるのが難しい上に、客は長居しがちで回転率が悪く、席数を増やすのも難しいので、先の計算に照らしても、収支が合わないからである。

「たくさん来ますよ、やりたいという人は。でも、働いて借金を作ることになるからと説得して帰らせます。他で働いて稼いでカフェ巡りしていたほうが幸せですよと。アルコールがなく、コーヒーだけでは儲かる要素がありません。実家や自宅の一部を利用してやるなら家賃がない分、勝機はあるかもしれませんが、家賃を払いながらでは無理でしょう。」

ただ、実は過去にはがもよんにカフェが出店して例外的に成功を収めたこともあった。オーナーはリーガロイヤルホテルなどで修業をしたパティシエ。和田に断られても断られても「ぜひ、がもよんに」と出店を希望し、三度目の正直で出店を果たした後は、がもよんの女性人気を牽引する店となった。店名にがもよんを入れるほどの熱い気持ちが響いたのだろう。美しく、美味しいと話題になり、テレビの取材などでもよく取り上げられ、海外からの客も多かったそうだ。コーヒーだけでなく、腕のあるパティシエならではのケーキ類の店頭販売とイートイン、ランチ、年末のおせちなどのメニューがあり、十分に高い客単価を確保できていたことが成功の要因だったと思われる。

店子が住民になる可能性も

最後に、飲食店の誘致を重視する理由に対する答えの一つとなる壮大な構想にも触れておこう。それは、飲食店店主たちがいずれがもよんの住民になることへの期待だ。仕込みなど開店中以外の時間帯も含め、飲食業は労働時間が長い業種である。店主であればなおさらで、そこで良い仕事をしようと考えると通勤に割く時間も惜しいはずだ。そうなると、いずれはがもよんやその近辺に移り住もうと思うのではないか。もし、飲食店主たちががもよんの住民になれば、飲食店で栄えるだけではなく、住民が増えることにもなり、まちはダブルで活気づく。

かつて多くのまちでは、「働く」と「暮らす」が同じ場所で営まれていたはずだが、高度経済成長期以降、仕事と生活は見事に分離されてしまった。だが、時代の変化とともにもう一度見直される日がすぐ近くまで来ているのかもしれない。特にコロナ禍で地域を中心にした暮らしを経験し、自分の住む地域に目が向き、地域の魅力を考え直したという人も少なくないはずである。暮らす人にとって魅力的に映るまちになるにはどうすればよいか。がもよんが目指してきたものに重なる部分も多いように思われる。

事業リソースをシェアする　〜ノウハウを共有しみんなで儲かる仕組みに〜

業種を超えた協働の発想を生む店主会議

がもよんの店主への和田のアドバイスは開業時にとどまらない。経営を続けている限りはずっと付き合い続ける。

「不動産会社は物件を紹介して契約でおしまいですが、私はそこからがスタート。最低でも十年続くことを前提に、付き合い続けられるかどうかもお互いに考えます。」

第二章で触れた、和田と店主らによる定期的な会合「店主会議」はその代表例だ。この会議によって、がもよんの店主たちは、和田だけでなく、同じまちで飲食店を経営する店主同士とも仲間としてつながり、ノウハウを共有する。全員が成功していく仕組みの礎《いしずえ》になっているがもよんならではの強みになっている取り組みである。

店主会議は、二〇一二年の「がもよんばる」開始時にスタートして以来、毎週木曜日の十五時から約一時間、集まって開催されている。時期によっては月に一回程度になったり、逆にイベント開催前は頻度を上げて開催されたりもするという。場所は「がもよんファーム」と「マニアック長屋」の間にある空き家を改装した集会所「久楽庵」だ。店主会議のほか、まちの人を集めたイベントの会場としても使われるスペースである。以

店主会議の様子。地元の新店オープン情報なども話題に

下、二〇二〇年三月に開かれた店主会議の様子を紹介しよう。

集まったのは、古民家再生店舗の店主たちと、第一章で登場したカフェバー「ＬＤＫ」の二人の女性店主、そして現在バーの開業に向けて内装をＤＩＹで改装しているという若者二人である。作業の合間につなぎ姿で現れた二人は、飲食業に挑戦するのはこれが初めてだという。がもよんの他の店主ともその日が初対面らしく、やや緊張した面持ちだった。

会議の話題は、地域のマッサージ店から飲食店店主らへの提案からスタートした。ランチタイムからディナータイムの間の、客のいない時間帯に飲食店を訪問し、マッサージを提供することができないかというものである。この時間を利用して夜の仕込みに取り組んだり酒類などの配達を受けたりする店主は、予約をしてまでマッサージ店に行く余裕がない。だから逆にマッサージ師が訪問することで、時間を無駄にせずにその場で施術が受けられるようにすれば、互いにメリットがあるのではないか、という発案である。早速、何人かの店主から「ぜひ頼みたい」という声が挙がった。狭い厨房で集中して作業する店主たちの中には、腰痛や肩こりに悩む人も多く、すき間時間を利用しつつ、店から離れることなくサービスが受けられるなら、願ったり叶ったりだという。

さらに、がもよんには提案をした店以外にも何軒かマッサージ店があるので、ほかの店にも声をかけ、地域のマッサージ店全体で飲食業を応援し、それによってがもよんを盛り上げて行きたいという話にまで広がった。飲食店と他の業種が連携し、それをまちの賑わいとつなげて考えている点が面白い。

スピード感をもった本音の意見交換の場

次に和田から、久楽庵を利用して寺子屋を開こうと考えているという話が出た。前日にカフェバー「ＬＤＫ」のカウンターで勉強している子どもを目にしたことからの発想だという。新型コロナウイルス感染症のために休校になり、行き場のない子どもたちの面倒を久楽庵で見ることができれば、飲食業に就く親たちは安心して働けるのではないか、アシスタントの田中に先生役をやらせると和田が意図を話すと、それはいいいと話は盛り上がった。残念ながら緊急事態宣言の発令により継続を断念したそうだが、一度は開催することができたという。

発案から実行を決めるまでの物事の進み方の速さには驚く。まちで催しを開くとなると、週、月単位の時間が必要なのが一般的である。ところが、がもよんでは誰かが何かをやりたいと言い出し、和田がそれにほぼもれなく「面白いじゃないか、やろう」と反応して、あっという間に実現に向かう。まずはやってみようという姿勢なのである。

その後は、二月に行われた節分で配布した金券がいくら使われたか、八月末に開かれる予定のカレー祭りの準備をいつから始めるか、マニアック長屋の隣の長屋の工事がいつから始まるか、といった事務連絡の他に、新たにオープンする店の情報などについての雑談も繰り広げられていた。ライバルではなく、同じまちを盛り上げる仲間として、終始楽しげに、かつ本音で話をしている様子だったのが印象的だった。

仲間がいる安心感が心理的な参入障壁を下げる

店主会議には必ずしもがもよんの店主全員が毎週顔を出すわけではないが、定期的に会合が開かれており、そこに行けば気心の知れた仲間がいることへの安心感は、このまちに参入する際の心理的な敷居を下げている。

「飲食店の店主は誰もが一国一城の主。プライドもあるし、他人の言うことを聞かないわがままな部分もあります。同時に、自分一人で頑張らなくてはと張り詰めたところもある。そこで相談できる仲間がいるとなれば、新規参入のハードルは下がります。ここなら安心して店を出せると思ってもらえるんです。」（和田）

実際、そうした部分をメリットと感じている店主は多い。たとえば、日本料理「蒲生庵　草薙」の店主・草薙匠さんが初めてがもよんを訪れたのは、毎年八月に開かれているカレー祭りの時だった。人出の多さに驚きながら十軒ほどの店を回り、がもよんのアットホームな雰囲気に惹かれたという。

「それまで勤めていた店があったショッピング街では、隣の店とすら話をしたことがないほどで、飲食店同士は客を取り合うものという頭でいました。ところががもよんでは、店主同士もわいわい楽しそうにやっていたのです。ツンツンしている人もいなくて、ここは良いなあと思いました。」

この体験も後押しして、十年勤めた店からがもよんの店へ移ってくることになったそうだ。

大阪で二十年間修行した後、三年前にがもよんに出店するとともに近くのマンションに移り住んだ「蒲生中華　信」店主の母・木村福子さんも、こうした仕組みの存在を、がもよんに来て良かった点の一つとして挙げる。

「飲食店店主は孤独。でも、がもよんでは仲間が集まる研鑽《けんさん》の場があるのが良いと思います。」

母子ともに初めての土地に住まい、店を持つことになったわけだが、「店や家の近くで下町らしい付き合いがあるので、孤独感はないですね」とも話す。そのまちにそもそもあるコミュニケーションもまた、成功には必要なのである。

チャンスを作り合う文化は新店のアドバンテージにも

こうした安心感は、自分の店を新たに出す人に付きものの「客が来てくれるかどうか」という心配を和らげることにもうまく働く。すでに何度か触れてきたように、がもよんでは周囲の店主が新店を自分の客に紹介してくれるからだ。

「会議の席で、今度こういう店がいつオープンする、と伝えておけば、情報は店主たち全員に伝わり、それぞれが自分の客に紹介してくれます。がもよんによく来る人なら、『あの角には何ができるの？』と話題にすることも多いので、そこで店主が情報を話せば、多くの人が『じゃあ、試しに行ってみるわ』と足を運んでくれる。それで少しずつ新しい店にも常連が付いてくるんです」と和田。

新店にはなんとも心強い文化である。飲食店にとって一番高いハードルは初回の来店だが、仲間の店主による口コミや紹介があればそのハードルはぐっと下がる。一度来てもらえさえすれば、自分の実力を見せることができる。そのチャンスを店同士で作り合うのだから、仲良くもなるわけである。

「がもよんにはぐるなびも食べログも要らない」と和田は言う。店主たちの口コミこそが、がもよんを支えていると知っているからだ。自分が気に入っている店の店主が評価して勧めるなら、客にとってそれほど信用できる情報はないのである。

同業者同士の切磋琢磨と補い合いが全体のレベルアップに

もちろん、単に楽しいだけの関係ではない。分野は違うとはいえ、同じ飲食業を生業《なりわい》としている以上、互いから学ぶ部分は大きく、日常的な個人のレベルアップが、がもよんの飲食店全体のレベルアップにつながっているのである。

「特にイベント時は集まって何をどうするかなどと喧々囂々《けんけんごうごう》、意見を出し合います。がもよんのイベントは、儲けることではなく、まちや店を知ってもらうことが目的なので、損をしてはいけませんが、儲けすぎてもダメ。適正な価格でまた来てもらおうと思ってもらうためには、いくらでどんなものを出せばよいか。そのさじ加減が難しいのですが、初めて出店する店主が既存の店主のアドバイスから学ぶ流れも生まれています。過度な仕入れや人員配置にならないようにする方法や、客に受ける盛り付けにするためのコツなど、普通はお金を出して学ぶことが、がもよんならタダで学べます。良い経験になるはずです。」（和田）

イベント時以外にも、料理の質は高いのにカトラリー（食器）が釣り合っていない、メニューにある写真の撮り方がまずい、もう少しボリュームを感じさせる盛り付けのほうが良いといった形で、店主会議などの場ではプロ同士の目線で様々な意見が交わされる。同業者の意見ゆえ、時にはぐさりとくる指摘も受けるはずだが、それが互いの店の質を高めているのである。

「具体的なアドバイスまで行かなくても、『今年も鱧やるの?』『今年はグラタンをやろうと思って』などといった季節ならではの会話だけでも学びになります。私自身もできるだけ『最近、こんな酒が売れているらしい』とか『こんなものを食べに行った』など世のトレンドを伝えるようにしています。また、料理だけではありません。実は電子マネーが流行る前から、がもよんではすべての店がペイペイに加盟しています。これは二〇一八年の年末に営業マンを呼んで説明会をした結果です。おかげでキャッシュバックキャンペーンの恩恵を全店が受けることができました。目の前の実務に追われていると、ビジネスのアンテナはなかなか張りづらいもの。それを店主会議などで補っているのです。」(和田)

千円以上のランチでも満席に

こうしてレベルを高め合っているがもよんにおける飲食店の質の高さを示すのが、千円以上のランチでも満席の店が多い事実である。たとえば二〇二〇年六月にオープンしたばかりの「そば　冷泉」

は、ランチで日に七十食が出ており、当初の想定よりも順調だという。手打ちのざるそば一斤で千円〜なので、きちんと稼げていることがおわかりいただけよう。また、昼は連日満席になる「スクオーレ」も、ランチのピザセットが千三百五十円〜で、メイン料理の出る二千五百円のコースなども提供。がもよん唯一のピザ窯を売りに、オープンから六年目の今も人気を保ち続けている。

飲食店街などではランチは夜への導線と安く提供している例も多いが、がもよんでは昼も夜も質の高い料理を適正な価格で出し、それが受け入れられているのである。これこそが、みんなで稼げるまちであることを示す一つの証である。

仲介役の収益源を確保する　〜もちろん、つなぎ役も儲かる仕組みに〜

継続するために不可欠な幅広い収益源

まちづくりの仕事は儲からない、というのが日本ではまだまだ一般的な認識である。特に地域や社会に関わる仕事については、収益を上げること、お金を稼ぐことがあたかも悪いことであるかのように捉えられる傾向が顕著であるように思われる。しかしそれでは活動は続かない。一軒だけ空き家を改修したところでまちは動かないし、人の意識も変わらない。まち全体に影響を及ぼすためには継続的に活動する必要があり、そのためには収益を上げ続けることが欠かせない。

和田が十年以上がもよんで活動し、まちを変えることに成功してきたのは、自分なりにきちんと収益を上げられる仕組みを作ってきたからだ。第一章で触れたように、和田は当初、耐震金具の販売から耐震改修工事へと業務を拡大していった。がもよんに関わるようになってからも同様に、仕事の幅を広げ、収益源を薄く、広く、着実に作ってきたのである。順に見ていこう。

耐震改修工事だけでなくマッチングも担う

まずがもよんでの最初の案件となった「イル　コンティヌオ」における主な仕事は、耐震改修だった。耐震改修工事を受託し、その費用をもらうという形である。同時に、そもそも三年間借り手がいなかった米蔵を借りてくれる人を見つけてくるという、本来なら不動産会社が担う「リーシング」のような役目も引き受けることになった。最適な人材を探し、審査するという仕事である。

そこで、二軒目以降はその仕事に対してもフィーが発生するようにした。仲介業務は別に入る不動産会社に任せる代わりに、和田は建物所有者からは広告費、借りた人からは企画料という名目で、マッチングのための費用を受け取るようにしたのである。

ライフライン工事と内装工事を一括で受託する

また、空き家を改修して店舗にするためには、耐震改修工事に加え、給排水や電気などライフラインの工事、さらに内装工事と三段階の工事がある。和田は回を重ねるごとに仕事の範囲を拡大し、現在ではすべての工事を一気通貫で行うようになっている。

「耐震改修工事は躯体に触るので、建物所有者から『だったら、ライフラインの工事も一緒にやってほしい』と要望がありました。そのほうが安く、早く終わるからです。耐震改修とライフラインその他の貸すための工事を別々にやったとして五百～六百万円、二百～三百万円ずつかかるとすると、それをまとめてやることで百万円、二百万円と安くなるなら、その方が良いという計算です。同様に内装工事も当初は紹介のみをしていましたが、現在はまとめて請け負う形になり、当初よりも大きな金額が動くようになりました。」

なお先述のように、出店希望者の中には自己負担となる内装工事の資金が足りないケースも少なくないため、和田が費用を一旦立て替え、開業後に分割して返済してもらう形も取り入れている。

開業後の保守・営繕・改修からプロモーションまで

開業前の工事だけでなく、開業後の保守・営繕・改修などの工事も和田に依頼が舞い込む。

「耐震改修を施している以上、適当に手を入れずに建物のことがわかっている人にやってもらわないと、と思う人が多いのでしょう、必ずウチに依頼が来ますね。」

また、担当する工事内容の拡大だけではない。出店者からは、ホームページの制作やチラシの作成・配布といった広告やプロモーションの仕事まで依頼されることがあるという。空き家の再生までではなく、そこにできた店が繁盛するまでのすべての面倒を見ているわけで、言ってみれば「一人商工会議所」なのである。

サブリースで三方よしの仕組みを

さらにここ数年は契約内容を見直し、サブリース（転貸借）の仕組みも取り入れている。具体的には、建物所有者から和田が建物を借り、耐震改修工事はもちろん、内装工事までを終わらせてから出店希望者に転貸するという方法だ。

「内装工事費を立て替えるより、私が建物を所有者から安く借りて、耐震改修など貸すところまでに必要な費用は所有者に負担してもらい、それ以降の内装工事は私で負担し、すべてを終わらせた段階で貸したほうが、借り手にメリットがあると考えました。一般的な店舗の契約のもとでは借りた後に内装工事を行うことになるので、工事期間中の営業できない時期にも家賃を払わなくてはいけません。でも、サブリースで内装工事が済んだ店舗を借りられれば、開業と家賃発生が同じタイミングになるので、店主の経済的な負担は大きく減ります。そもそも内装工事費も契約時には不要。契約は定借の十年ですから、出店者の負担となる内装工事費はその間に分割して家賃に上乗せして払う形になるので、開業時の初期費用を大幅に抑え、開業することができるようになります。」

もちろん、和田にもメリットがある。これまでは工事がなければ売り上げが立たなかったが、サブリースの仕組みを取り入れることで、各店舗からの家賃と内装工事費の分割返済分が毎月入ることになり、工事がなくても安定した収益が見込めるようになったのである。

たとえば、一千万円の内装工事をした家賃十万円の店舗があるとしたら、毎月の支払は一千万円÷(十二カ月×十年間)+十万円の十八万三千円。この額が十年間毎月必ず入ってくるわけである。そしてそれが一店だけでなく、十店、二十店と増えていくとしたら、会社の経営は時間が経つほどに安定していくことになる。

建物所有者にもメリットがある。サブリースでは建物を安く貸す代わりに管理その他は一切、借りた人が責任を持つことになっており、大家としての手間はなくなる。そのために社員を雇う必要がなく、労力がかからなくなるのである。また、出店者が定借期間の十年満了を待たずに退居し、空室となっても大家は困らない。借りているのは和田なので、入居者がいなくなっても和田が家賃を払い続けるからだ。ちなみに、先に和田が述べていたように飲食店は家賃滞納が発生しやすい業種だが、がもよんでは滞納トラブルは一度も発生していないという。店舗周囲に暮らす住民との多少のトラブルも和田が引き受けて解決しまうので、大問題に発展することはない。

これまでに紹介してきたような様々な取り組みでまちの価値が高まれば、店主たちにとってはより多くの客を呼び込め、建物所有者にとっても資産価値向上になる。関係者全員にとってサブリースは誰も損することのないプラスの仕組みなのである。

全体を見て責任を取れば収益と裁量がついてくる

一方で、自分がすべての責任者になるサブリースがあまり一般的でない理由は想像がつく。リスクや責任を取ることへの恐れである。退去後の空室中の家賃を払うリスクを負う選択に、なかなか踏み込めない例が多いのだろう。

たとえば建築士の場合、空き家の改修、再生に関わるとしても、たいていは設計だけでおしまいだ。改修後の入居者が決まらなくても責任は問われないので気は楽だろうが、その分、もらえるのは設計料だけである。一方、工事にも客付けにも運営にも関わりましょうとなると、それぞれに責任が発生し、考えなくてはいけないことは増えるが、その分だけ収益はずっと大きくなる。責任と収益は比例するのである。

収益だけではない。裁量も大きくなる。営業時間の決定も、空き家を利用したイベントの実施も、オーナーが考えてもいなかった店に入居してもらうことも、自分の判断でできるようになる。自分が責任を取るなら、スピーディーな意思決定が可能になるのだ。

また、実際に使う身になれば、設計の質も上がる。想定外の使い方をされることに刺激を受けたり、使っているうちにもっとこうすればよかったと反省したりすることもあるだろう。メンテナンスも気になるはずだ。それらは次の物件でより良いものを作るための経験になる。

他の専門家であっても、自分の専門分野だけで仕事に関わるのではなく、事業全体を見て関わり、責任を取る立場に身を置くようにすれば、それだけで仕事が変わる。

「色々な人の意見を調整してまとまってからやろうとすると、文句や横やりを入れる人が必ず現れ、なかなか進みません。自分で借りれば、すべて自分で決められるようになり、話が早くなります。うまくいくかどうかもわからないのにコンサルタント業のように『先にお金だけください』はおかしな話。特に個人を相手に交渉をする時には『僕もリスクを取りますから、うまく行ったら報酬をください』でなければ信用はされません。そしてお金をもらうためには仕事のパーツだけを見るのではなく、全体を見ること。俯瞰して主導権を持つこと。相手の返事を待っているのではなく、こちらから答えを聞きに行き、追いかけていくことが大事です。」(和田)

専門性の常識に囚われない発想が活きる

専門性という意味では、和田の本職は木造住宅の耐震診断である。まちづくりの現場でよく見かける宅建士でも建築士でもない。だが、専門家ではないから自分の専門性にこだわらず、既成概念にも囚われず、必要なことを考えることから発想できたと語る。

「がもよんでは最初から、古民家を使う方がこの土地らしいと思って実践してきました。新築したほうが儲かるという常識がなかったからできたことです。建築のキャリアが長い人は、収益性の高い新築をメインに考え、リフォームを下に見る傾向があると思います。古民家再生となればなおさらで、手掛けようとする人も手掛けられる人も少ないです。だから、レベルや価格で勝負できる競合がいない中で収益も上がるようになったのです。」

とりわけ不動産業界のルールには、法的な根拠がないにもかかわらず、ただ通例として行われているのも多い。ここでも、業界の〝常識〟がないことがプラスに働いている。

たとえばがもよんでは、店舗の契約時に礼金や敷金は不要だ。預かり金は必要だが、これは退去時に全額返還される。返還されない礼金を支払わなければならないのはおかしいだろう、というのが和田の考え方なのだ。それよりも負担を小さくすることで、優秀な店舗が出店しやすくしたほうが長い目では良いと考えているのである。また、三年目までに諦めて解約しそうな人に事業の継続を促すために違約金を導入するという発想も、契約してしまえばそれでよいと考えがちな一般的な不動産業者なら浮かばなかったのではないだろうか。

さらに最近では、簡易宿所を始める経営者から、「外国人だからと保証人を要求されるのはおかしい」と異議があり、なるほどと思って日本人相手の場合と同じルールを適用したという。これも一般的な不動産会社だったら「そういうものなのだ」と相手にせず終わりにしただろう。

専門性を否定するわけではないが、あるからといってそれが絶対でもない。専門性がなくてもできることはあるし、むしろないことがプラスに働くこともある。専門性にこだわりすぎず、問題そのものを見ることが大事なのである。

信頼できるビジネスパートナーと信頼につながる迅速な仕事をする

収益を上げるという話では信頼できる相手と仕事をすることも大事だ。仕事相手には二種類ある。一つはビジネスパートナーだ。

たとえば、第一章で触れた水道工事店の二代目社長は二十年来の付き合いになる和田のビジネスパートナーの一人である。その信頼関係の深さを如実に示すのが見積書だ。和田は自分で見積書を作成しない。実際に工事をするのは長年付き合いのある工務店であるため、彼らが作った見積書に営業としての和田の利益を載せたものを作り、それを出しているのだという。見積りで互いに腹を探り合ったり、値引き交渉したりするのは時間と手間の無駄だという考えからだ。

「場合によっては請求書すら作ってもらうことがあります。工務店が作った見積書と請求書に自分の営業分を『これだけ載せて出しておいて』と言うだけ、ということもあります。時には長年の付き合いによって相殺できる範囲内で多少無理をお願いすることもありますが、互いにいくらの仕事でいくらの利益があるかもお互いにわかっているので、明朗会計そのものです。」

信頼できる工務店と長く付き合い続けるメリットは他にもある。がもよんのすべての店舗で過去に行われた工事を知り尽くしているため、営繕やメンテナンスにいちいち指示を出したり、不必要な見積りを取ったりする必要がなく、スピーディーに準備が行われ、工事が終わるようになっているのである。

「多少面倒な工事でも、長くても三日あればすべて完了します。その安心があるから、大家からも、入居者からも信頼されているのです。」

もし途中で必要以上の見積りのやりとりや品番の確認が必要な関係なら、素早い修繕は望むべくもない。和田と工務店の信頼関係が一気通貫の迅速で丁寧な仕事を生み、それが和田と入居者、和田と大家との信頼関係にも繋がっているのである。

見積り料の設定で相性を見極める

一方、もう一つの仕事相手であるクライアントに対しては、「見積り料」の設定を求めている。いい加減な依頼や途中のキャンセルなどを防ぎ、確実に受注・収益に結びつけるためだ。

「相談まではいくらでも無料で応じています。ですが、それに基づいて見積りを希望されたら、見積り料をいただくことにしています。世の中では見積りまでは無料というケースが多々ありますが、見積り作成には非常に労力がかかります。仕事は発注した人からの利益で成り立っているのであって、それを発注しない人のために使うのは発注してくれた人に申し訳ないというのがその理由です。こう説明しても見積り料を渋る相手であれば、もしその後に受注できても、キャンセルになるなどトラブルが起こり得ます。正式に依頼するまでは何でもタダでやってくれると思う相手は信頼しないほうがいいと考えています。つまり、見積り料を設定するのは、キャンセルを避けるためだけでなく、相手の人間性を量るためでもあるのです。ちなみに、正式に受注に至った場合はそこから見積り料を差し引くことにしていますから、結果的には相手に余分な費用がかかるわけではありません。」

自前の事業にこだわる　〜行政とはつかず離れず、補助金は受け取らない〜

自前作戦で得た思わぬ出会い

がもよんで行われている事業は、すべて民間のお金で賄われている。補助金や助成金の類は一銭も使われていない。空き家の再生やリノベーションによるまちづくりを謳うプロジェクトには一般に行政が絡むことが多いが、それが一切ないのである。その背景には、和田自身が経験したいくつかの苦い思い出がある。

一つ目は城東区のキャラクター使用を巡るやりとりである。城東区には、区政七十周年を記念して誕生した「コスモちゃん」というゆるキャラがいる。それをイベントで使わせてもらえないかと、区に依頼したところ、あっさり断られたのである。

「おたく、誰やのん。そんな、ようわからん団体には貸せない」。

そう対応され、行政に頼るのは止め、自分たちで作ろうと考えた。そして、「がもよんのキャラクターを募集します」とウェブサイトで告知したのである。

すると、集まったかなりの数の応募の中に、ひときわレベルの高い人物がいた。多摩美術大学出身で、大手電機会社に所属しながら商品のデザインを担当し、各地のキャラクターデザインも手掛けていた前田昌克さんだ。プロ中のプロだった。

連絡を取ったところ、好意的にミーティングに参加してくれ、これからも応援しますよと声をかけてくれたという。現在も使われているがもよんのキャラクターは、こうしてできあがったのである。この年（二〇一五年）には、そのキャラクターを利用したＬＩＮＥスタンプも登場し、現在

「カモ」をモチーフにしたがもよんのキャラクター、かもよん

も二十種類のスタンプが百二十円で販売されている。

ポスター制作での苦い失敗

その後、今度は区から逆にアプローチがあった。次第にまちに店が増え、がもよんの認知度が上がっていくにしたがい、行政としても無視できなくなったのだろう。「一緒にまちに賑わいをもたらすイベントをやりませんか」というお誘いがかかったのである。

そこで区の担当者に、城東区にある全国的に有名なものを尋ねたところ、紹介されたのが府立成城高校の写真だった。一九九四年以来、北海道東川町を会場に全国の高等学校の写真部やサークルを対象にして行われている全国高等学校写真選手権大会（略称「写真甲子園」）で優勝や準優勝の経験があるのだという。その生徒たちに写真を撮ってもらい、ポスターに使うのはどうだろうという話になった。

〝飲食店で働く素敵な女性〟をテーマに撮影を行い、イベントの告知用ポスターを制作した。後援に大阪市や城東区など行政の名称が入ると、地下鉄に貼らせてもらえる。これまで以上に多くの人の目に付くようになり、イベント参加者も見込めそうだ。なるほど、行政と組むメリットはこういうところにあるのかと思った矢先、そのポスターをめぐってトラブルが発生した。

ポスターの隅に、飲食店でアルバイトをしていたある女子高校生の顔が、彼女の顔が見切れる形で写り込んでいた。撮影後に受験を理由にアルバイトを辞めていたこともあり、制作時に連絡がつかず、そのまま印刷されたのだった。ポスターを見かけた友人から彼女に連絡が行き、本人は「そういえば、撮られていた」程度の反応だったそうだが、彼女の母親から区役所の人権課に「肖像権はどうなっているんですか！」と怒りの電話が入ったのである。

役所は正論には勝てない。だが、だからといって責任を取るわけでもなかった。結局、和田が黙って責任を取る形になり、会ってはくれなかったそうだが本人と家族のもとに謝りに行き、ポスターを剝がして作り直し、貼り直した。

それ以来、行政の広報紙に登場したり、ボランティアで会議に出席したり、区役所のホームページにバナー広告を出したり、審査委員を頼まれたりすることはあっても、一緒に事業に取り組んだり、補助金などを出してもらったりする関わり方は一切していないという。役所は、住民から文句を言われることを恐れる。そのため、文句を言われないようなものにするために、助成先などに対して口を出して、公平性を求めようとする。また、首長が変わると方針も変わる。何かと大量の書類を用意させられたり、その精査に時間がかかったりする。それでは面白いことにはならないと和田は話す。

「無難にまとめようとする他人からやれと言われたことをやっても失敗するだけ。補助金がないとできないという人もいるが、補助金とセットで課される制限がむしろリスクになり、失敗する可能性のほうが高い。だから、お金は要らないから口も出さないでくれという姿勢が成功のためには大事なのです。」

お金がなかったら知恵を出せばよい。お金がないと思えば真剣になる。誰かが出してくれると思ったら、それに甘えて考えなくなる。それが和田の持論である。

ところでこのポスター事件には後日談がある。一般の人の写真を撮影して使う場合には許諾などに手間がかかる。それなら自前でアイドルを育成し、その子たちに協力してもらえば制約は減るし、まちを盛り上げるためにも役に立つのではないか——。そういう発想から誕生したのが、四人組の城東区がもよん地域貢献活性アイドル「GM4's」（ジーエムフォー）である。メンバーは中学一年生と小学校六年生が各二人ずつで、地域にとって「孫」のような存在になっているそうだ。「ご当地アイドル」ではなく「地域貢献活性」と呼ばれるところが、がもよんらしい。二〇一九年末にオリジナルソングをレコーディングしたり、夏には週末ごとに地域の盆踊り大会に呼ばれたり、活動を盛り上げるための冊子に地元の店を紹介しようと店舗に取材に行ったりと、積極的に動いているという。これからのがもよんを盛り上げていくのは、こうした若い力なのかもしれない。

上は四条畷イオンで、下はがもよんにあるヨシナリズカフェで活動中のGM4's。基本は地元密着での活動だが、近隣地域のイベントに参加することもある

存在をアピールする　～定期的に地域を巻き込み、仲間を増やす～

紹介制と明朗会計で出店者の質と信頼を維持

がもよん成功の秘密を考える時、地元の様々な人が関わっている点は見逃せない。たとえば第二章でも触れたように、イベント時には、地元の古民家再生店舗だけでなく、広いエリアから「紹介制」で多数の店舗が参加している。既存の参加店舗からの紹介を条件にしている理由を和田は次のように語る。

「京都のお茶屋方式とでも言えばいいでしょうか。紹介制を新規の出店条件にすれば、新しい参加店舗が何か間違ったことをしてしまっても、紹介した人にそれとなく伝えるだけで波風を立てることなく正すことができ、考え方の違う人が入ってくる可能性が少なくなります。」

がもよんのイベントは、自分が儲けるだけの場ではなく、まちのイメージや認知度アップのための場であることはすでに書いてきた通りだ。出店する人は、このまちに来る人がすべて自分の客だと思ってもてなすことを求められる。そのことを理解している人が紹介するのであれば、大きく外れた人が参加してくることはそもそも少ないし、新しく入ってきた人も、紹介してくれた人に迷惑をかけることもできない。紹介制は互いを牽制しあう部分もあり、同じ目標を掲げる人と出会うためにはよくできた仕組みなのである。

一方、出店者目線では、イベント後に必ず詳細な収支報告が行われるのも大事な点だろう。

「お金の話はきちんとしておかないともやもやした気持ちになる人もおり、互いの信頼関係を損ないます。ぼやかさず明朗にして、浮いたお金があったら次のイベントにキャリーオーバーする、赤字が出たら皆でカンパしあって埋めるようにするなど、どう収支を合わせるかを相談することも、

第3回がもよんばるの打ち合わせ風景。写真右手に病み上がりの和田の姿がある

コミュニケーションを育むためには大事なことです。総額で三十〜五十万円ほどの予算規模のイベントなので、大きく損しても三十万円がいいところ。これまでに大きな失敗はなく、五百円ずつカンパして済む程度で収まっています。」（和田）

目標を明確にし、明朗会計に徹することはイベント成功のための秘訣なのだろう。

イベントの役割は地元への意識を高めること

一方、イベントの参加者に関しては幅広い層を想定し、多い年にはほぼ毎月のように多彩なイベントを開いている。たとえば二〇一九年で最もイベントの多かった八月には、三日に「がもよんカレー祭二〇一九」、同時開催でその頃流行っていたタピオカを楽しむ「がもよんでタピ活」、十日には「親子でお花アレンジ教室」、二十五日には音楽のイベント「JOTO名曲の祭典二〇一九」、二十六日には「がもよんこども食堂」が開かれている。

開かれているイベントを大別すると、がもよんをPRして訪れてもらうためのイベントと、がもよんに住んでいる人に向けてのイベントの二種類で、どちらもバランス良く行われている。バルやカレー祭り、肉祭りなど外部に向けたものばかりでなく、実は地元に向けた活動も地道に続けられているのである。後者の例を挙げれば、「気軽に茶道体験」「美文字教室」「親子でフラワーアレンジメント」、そして「がもよんこども食堂」などがそれに当たる。参加型のイベントが多いのが特徴だ。ここではこのうち「がもよんこども食堂」について詳しく紹介しよう。

一般的なこども食堂は、大人が作った食事を子どもに振る舞う形である。一方、がもよんのこども食堂は、がもよんの飲食店の店主に教わりながら、子どもが料理を作る形になっている。

「大人が作って子どもに振る舞うのは、ある意味で自己満足です。子どもの生きる力を養うためには、子ども自身にやらせた方が良いと考えます。そこで、飲食店の店主を先生に呼び、やきそばの作り方などを教えてもらっています。始まって三分で手を切る子どもが出て大変でしたが、これを機に飲食業に関心を持ってもらえたら、そのうち、がもよんで飲食店をやろう、飲食店に勤めようと思ってもらえるかもしれません。そこまで先の話でなくても、自分が教わった〝先生〟のいる飲食店に連れていってと親にねだるかもしれません。いろいろなチャンスを作って、地元やそこにある飲食店に関心を持ってもらいたい。イベントにはそうした役割もあります。」

開催してきた中には失敗したイベントも。〝がもよんで涼もう〟と銘打ったかき氷イベントは、参加したがる店主が少なく、「ミルク祭り」も盛り上がりは今一つだったという。そんな時には、素直に企画が悪かったと和田が謝る。ダメと素直に認めるのも周囲から信頼されるためには必要なのだ。

入居者とは水と油のはずだった家主を巻き込む

イベント以外にも地域の人たちは様々な場面でがもよんの活動に巻き込まれている。ここでは、不動産の所有者である家主と契約者である店主たちとの関係に注目したい。

家主でもある枚田グループの枚田勘一郎氏は、父の代まで地元の店で食事をすることがなかったと断言する。うかつに店に行ったら「何しに来た」という顔をされたり、「家賃を負けてくれ」と直接言われかねなかったりしたためだという。一般的にも地主、家主と入居者（店子）は水と油のようなもので、店が流行っていようが、しんどかろうが、家賃さえ払ってもらえればいい、というのが往時の考え方だったのである。店子の成功は地主や大家にとってプラスになるはずだが、その認識はなく、店子が解約したとしても、また次に新しい店子を見つければいいと考えてしまう。ほんの十数年前までは店子を大事にしようという意識は社内的にもあまりなかったというのである。

そんな中、枚田氏は七年前、自社物件と契約した店舗の紹介を中心とする会社案内を作成した。自社の概要は最後に一ページあるだけで、組織図や社長メッセージなど、一般的な会社案内によくあるページはない。しかも、わざわざ、手渡しできるようにと紙媒体である。

これを見て不思議がる取引先の大手不動産会社もあった一方で、面白がってくれる人も出てきた。たとえば、付き合いのある工務店の人たちは、食べ歩くために持ち歩いてくれた。それをきっかけに、店の人たちと「○○さんが食べに来てくれました」のような会話が生まれるようになり、店主たちとの関係が好転したという。協力してこのまちを面白くしていこうという意識が生まれたそうだ。

当時不思議がった不動産会社も、今ではこの関係の意味するものを理解し、これからの不動産会社のあり方はこれだ、と一致するまでになっているという。貸している、借りているは上下関係ではなく、同じまちで仕事をする立場の違う仲間であり、互いに助け合うことで、それぞれにプラスになることが認識されるようになってきたのだ。契約した店を金銭的な問題以外でも心配する和田の姿勢も、その意識変化の背景にある。面白い人が面白いまちをつくるという和田の信条が周囲にも浸透し、互いに関わり合うようになったわけである。

「一般に〝コンサルタント〟と言われている人たちは、レポートを作ることが仕事のようなもので、出店した人たちの心配はしない。和田さんのように、一軒ずつを気にしながら続けてこなければまちは面として変わらない。今のがもよんは、地道な積み重ねの結果です。」（枚田氏）

この意識は、二〇二〇年春以来の新型コロナウイルス対策でも活きた。詳細は後述するが、幸い、がもよんではコロナ禍の影響が深い傷に至らずに済んでおり、それにはそれまでに培われた地主と店主たちとの関係が大きく貢献している。

メディアの力で地元の人を巻き込む

がもよんに限らず多くのまちでは、地元に長く暮らしている人たちが「ここには何もない」という言い方をよくする。実際に訪れてみると、路地や古い建物など魅力ある風物のある場合が多いのだが、地元の若者やたまたま訪れただけの人がその実感を口にしても地元の人たちには深く響かない。そこで、テレビやラジオ、雑誌など外の目が必要になってくる。メディアでの露出は、まちを外に知らしめ、訪れる人を増やすだけではなく、何より地元へのアピールになる。

ここまでに何度も触れてきたように、地域の人を巻き込む手として外部のメディアをうまく使っている点は、がもよんの大きな特徴である。徒歩で巡りやすい狭いエリアにバリエーション豊かな店舗が点在しているがもよんは、番組や記事の材料として取り上げやすい。実際、二〇一二年以降数年分のがもよんが登場するテレビ番組はおおむね、三~四店舗の雰囲気の違う店を一度に紹介するという同じスタイルで構成されている。

「ある店の工事をしていた時、物件の近所に暮らす女性が文句を言ってきました。『静かな住宅地だからここに家を建てたのに。こんなものができるなんてわかっていたら住まなかった』と。さらに工事が進むと『毎日、毎日うるさい!』。その度に謝っていても埒《らち》が明かないので、『ほかの人には内緒ですよ』と言ってその女性を店に連れて行き、ヘルメットを渡して工事中の店内を見せ、『今こんな工事をしていて、これが終わったら静かになります』と何度か説明をしました。その後も、店に招待するなどしていましたが、そのうち、店が有名になり繁盛し、話題になってテレビや雑誌に出るようになると、もうその女性からは文句を言われなくなっています。逆に『私、あの話題の店の近くに住んでいるんやで』と自慢しているそうです。特にNHKは効果があって、出た翌日から見る目が変わったくらいです（笑）。」（和田）

このケースのように、文句を言ってくる人を厄介な人と敬遠して距離を置くのではなく、むしろ現場に連れて行き、巻き込んでしまうというアプローチは意外に有効である。頑として聞かない人もいるかもしれないが、本来は関係者以外が入れない場所で「こんなことをやっているんですわ」と説明されれば、多少なりとも関心が湧くものだ。関心は理解への一歩である。

また、二〇一六年に放送されたNHKの番組では、町会長に登場してもらっている。これも地元のうまい巻き込み方である。世の中の多くの人たちにとって、テレビ番組は観るものであり、出るものではない。そこに出る、しかも天下（！）のNHKとなれば、しばらくの間はその話題で持ちきりになる。出演した人が和田とその活動にシンパシーを感じてくれるのは言うまでもない。以降、町会長は和田に好意的で、陰で色々なことを言う人がいても何かとかばってくれるようになっているとか。

他にも、たとえば二〇一六年の熊本地震後の復興支援のイベントもメディアの注目を呼んだ好例である。復興支援イベントといえば、よくあるのは募金箱を置いて飲食店を訪れる客に寄付を募る方法だが、がもよんでは違う手法がとられた。熊本のトマトを使った料理を各店で提供し、それを頼んでくれた場合に、店が一品につき百円を寄付する形にしたのである。さらに、その提供メニューの一つとして、トマトをバンズ代わりに使ったハンバーガーが考案された。美味しそうだが、食べにくそうで、でもやっぱり画《え》として面白い。これをテレビ局は見逃さず、二つの番組で、レポーターの頑張る姿が放送された。ハンバーガー自体は「イタリアンバール　ISOLA」のアイデアだが、面白いモノを作ろう、面白いコトをやろうという「がもよん」の姿勢がメディアを通じて発信された好例といってよいだろう。

来る人を拒まず、巻き込む

最後に、和田のオフィスそのものが人を巻き込む場として機能している点にも触れておこう。鶴見通沿いにあるオフィスは頻繁に人が訪れる場所で、本書の取材中にも、地元の区役所の人、発注していた印刷物を届けに来た人、飲食店の店主たち、視察に訪れた人、和田の大学時代の同級生（！）、と実に多様な人たちがやってきた。特に訪問の約束をしていたわけではなく、通りかかったら電気が点いていたから来てみた、という人もいた。ふらっと寄っても咎《とが》められない場所なのである。本当はここをコワーキングサロンみたいな場にしたい、と和田は話す。

「オフィスの空いているところで仕事をすれば、お茶は飲めるし、スタバで仕事をするよりも人に会えます。色々な人が来るから、訪れた人同士をその場でつなぐこともできます。最近は特に、アーティストやＩＴ系の技術者、そして行政の人など、普段あまり接点のない人たち同士をつなげることができないかと考えています。コワーキングサロン兼プロダクションみたいな感じですかね。」

来るもの拒まずという姿勢は理想的だが、実際にそれでは仕事ができないのではないか、と考える人もいよう。和田にとって、仕事は現場や客先が主で、オフィスは事務作業や仕事を始める前の打ち合わせの場である。そのため、現場が立てこんでいる時には一週間オフィスに出ない時もあるという。これはアシスタントを務める田中創大氏も同様だ。つまり、オフィスにいる時はさほど急ぎの仕事がないタイミングであり、アポなしの来客とも時間を気にせず話ができるわけである。経済効率優先で仕事を考えると、アポなしで人が来る、直接仕事に関係のない話をされるのは無駄なように思えるが、まちを舞台にしつつ、何をすべきかを自分で決める仕事の場合には、人と出会う時間が次の仕事やチャンスにつながることもある。いつも時間に追われるのではなく、人と話を取る時間をあえて作る和田の働き方も成功の要因として見逃せないように思われる。

また、来る人を拒まないだけではなく、訪れてきた人の話が面白ければ、その人たちを支援する活動をいきなり始めることもある。たとえば、がもよんでは関西を中心に活躍している音大生やその卒業生で構成されるReise Kammer Orchester（ライゼ・カンマー・オーケストラ）を応援しているが、そのきっかけは、飲食店に演奏会のポスターを貼って欲しいとオフィスを訪れたメンバーとの出会いだったという。店主たちとの集会室に使っている久楽庵で演奏会を開いたり、そこを練習場として提供したり、飲食店で客へのサプライズプレゼントとして演奏を披露してもらったりと、今では様々な連携をするに至っている。がもよんを気軽に本格的な音楽が楽しめるまちにしていこうと考えのもと、いずれは練習場所や音楽教室などを作れないかといった検討もなされているという。

オーケストラ以前にも、プロレス団体や書道家など、具体的な支援につながった例はいくつもある。たとえばがもよんでは書道家・安田舞氏がほぼ無名の時代から機会がある度に書を依頼、人を紹介するなどして応援、今ではパリのルーブル美術館で作品の展示をするほどに。それでも、がもよんからの依頼に応え、今でも店の看板などを破格の依頼料で書いてくれているという。〝わらしべ長者〟ではないが、和田が人との出会いを大事にし、必要があると思えば見返りを求めずに支援する姿勢が、その後大きなモノになって返ってきているのである。

注

＊1―地震などに対する強さ（一般社団法人住宅性能評価・表示協会）
https://www.hyoukakyoukai.or.jp/seido/shintiku/05-01.html

＊2―ナイン https://www.ninedesign.jp/

＊3―一般社団法人日本建築防災協会　耐震診断資格者講習／耐震改修技術者講習
http://www.kenchiku-bosai.or.jp/workshop/taishin-taishin/annai-2/

＊4―オフィスビルの場合には建物全体、賃貸分を分けてA工事、B工事と分けていることが多いが、がもよんの場合は大家負担分をまとめてA工事としている。ちなみにB工事は借主が負担する内装、設備工事などを指す。

コラム
がもよんを語る

がもよんドリームが意欲を刺激する

――蒲生庵　草薙　**草薙匠氏**

がもよんで人生が変わったという草薙匠氏

以前は新地の料亭で働いていた草薙匠氏ががもよんに移ってきたのは、現在同氏がオーナーシェフとして切り盛りする「蒲生庵　草薙」の前に営業していた店「福の根　蒲生庵」の立ち上げ時だった。副料理長として入ったが、当時の経営者は家賃支払いが遅れがちになるなどルーズで、早々に店舗を解約することになった。そこで和田から料理長になってはどうかと勧められ、独立を決意。二〇一九年四月にオーナーシェフになった。

「がもよんに来てからアルバイトの女性と結婚し、今、二人目の出産を控えています。がもよんに来たことで人生が大きく変わりました」としみじみ語る。特にオーナーになったことで意識が変わったと草薙氏は振り返る。

「この仕事は朝九時から夜十一時までと店にいる時間が長く、アフターファイブはありません。雇われていた時には、夜に遊んでいる人を羨ましく思う時もありましたが、自分の店になってみると、自分が好きなことで生きていけるのは幸せだと思います。」

店は個室の並ぶ日本料理店で、地元の客が中心だ。遠くから来客があった際に「せっかくだから『草薙』に行こう」と名前が挙がることが多く、接待や法事、子どもの節句など家族の節目に合わせた利用先としても人気だという。メニューを考えるのが至福の時間だと話す草薙氏は月替わりでメニューを変えており、それを楽しみにして毎月訪れてくれるリピーターも多いそうだ。コロナ禍による緊急事態宣言後、来店できなかった時間を惜しむかのように常連客が訪れているという。愛されている店舗の強さがよくわかる。

第四章で触れるように、がもよんでは、いわゆる〝雇われ店長〟を務めている人たちが、定期借家十年の契約終了後にオーナーシェフになり、このまちで働き続けられるようにする仕組みが実践されつつある。名付けて「がもよんドリーム」だ。働く人たちが報われることを目指した取り組みであり、草薙氏はそれを実践した一人なのである。

第四章

これからの「がもよん」が目指すこと

ここまで、「がもよん」がこれまでに培ってきたノウハウを詳述してきた。飲食店を中心に変化してきた「がもよん」だが、そろそろ次の変化も考えるべき時期に来ているという。最後に、そうしたまちとしての新たな展開の可能性について紹介しておこう。

「がもよん」のコロナ対応

がもよんに限らず、これからのまちの話をするときに欠かせないのが、新型コロナウイルス感染症による危機にどう対応したか、ということだろう。幸い、がもよんは一店も欠けることなく、二〇二〇年五月に緊急事態宣言の終結を迎えることができた。六月に開業した「そば　冷泉」はランチ営業の好調さに嬉しい悲鳴を上げていたし、「蒲生庵　草薙」には自粛期間中に来店できなかった分の予約が集中して、連日満席が続いていたという。もちろん、ダメージが全くなかったとは言わないまでも、閉店に追い込まれることはなく、全店が営業を続けているのである。

地主による早急な家賃減額

それでは、がもよんではコロナ禍に対して一体どのような手が打たれてきたのだろうか。まず動いたのは、がもよんの地主であるスギタグループだった。

三月の取材時、スギタグループでは全社員を対象に、店子である飲食店における外食費用を会社が負担するという支援策を打ち出した。どの店に何回行っても会社負担という太っ腹な支援策で、社員たちは普段あまり顔を出さない店も含め、せっせと食事に出かけた。

だが四月に入り、今度は外食が憚《はばか》られる事態となった。そこで次に同社が打ち出したのは、四月と五月の二カ月間の家賃を半額に減額するという手だった。続く六、七月の二カ月分も、飲食店に対しては家賃を二割減額（業種ごとに数字は異なる）。この素早い対応はおおいに感謝された。東京都の感染防止協力金が五月からであったことを考えても、行政に先駆けた措置だった。

こうした取り組みは、地主や建物所有者であれば誰でもできるものではなく、同社の地域と共存共栄を優先する姿勢とともに、地域の店舗の多くの土地を同社が保有しているという僥倖《ぎょうこう》が重なってのことだといえる。個人の地主であれば、経済的な問題から難しかった可能性もある。

通い続ける常連客の存在

ただ、このような対策が打たれたにもかかわらず、がもよん以外の同社のテナントの一部には閉店や廃業を余儀なくされた店舗もあったという。

飲食店とコロナ禍との関係については八月に外食の客足復活についての日本経済新聞の記事が話題になった。「ランチにスイッチ」「住宅街立地」「少人数利用」の店ほど来店客の回復が早かったというのである。

逆に被害が大きかったのは、夜の利用が中心で多人数で飲食する接待や会食ニーズが高かった店舗や外国人客の割合が高かった店舗など。秋以降、オフィス街でも人足が戻りつつあるが、確実に人がいる住宅街立地の強さが見直された。また、コロナ禍以前から営業状況が悪かった、経営者の高齢化が進んでいた店なども大きな打撃を受け、いわゆる老舗の閉店もニュースになった。

地域密着型で営まれているがもよんの飲食店は、地元に暮らす常連客の割合が大きい。二〇二〇年七月時点で数軒の店に影響を尋ねたところ、「区役所や企業などの宴会客は減ったものの、それ以外の常連客はそれほど変わっていない」「夜、退ける時間が多少早くなったくらいで、客の数は変わらない」「地元のお客さんの中には、夜だけでなくランチにも来てくれるようになった人がいる」などという声を聞いた。店を愛するまちの常連客の多さが功を奏したのであろう。

テイクアウトマップとレシピ動画の制作支援

一方、和田が支援のために行った施策は大きく分けて二つだ。一つは営業面の直接的な支援である。たとえば、がもよんの店主たちが早々に自主的に始めたテイクアウトの後方支援を行ったという。

「テイクアウトできる店のマップを作ってウェブサイトにアップするだけでなく、ＳＮＳに不慣れな周辺の高齢者世帯のためにポスティングも実施しました。マップ作成から配布終了まで一週間ほど。これで幅広い人たちがテイクアウトを利用してくれるようになりました。個店では発信力がありませんが、それをまとめることで地元のメディアなどにも取り上げられるようになり、広く告知できたと思います。」

テイクアウトについては、日常的な店同士の協力体制も活きた。テイクアウトの利用客に対して「ウチ以外だとあそこもやっています」と紹介し合うことで、ここでも「店を回遊する」現象が起きたのである。常連客の中には、インスタグラムでテイクアウトを順に紹介してくれる人もいたそうだ。客の目線でも様々な店が近所にあるメリットを実感した時期になったのではなかろうか。

また、がもよんの店主たちが登場するレシピ紹介動画の投稿をＹｏｕＴｕｂｅでスタートした。これについては、撮るほうも撮られるほうも初めてだったためか「出来は今一つだったかもしれない」と和田は笑いつつ、今後も続けるつもりだという。

「これによって新たな客が来るというよりも、客との話のネタになるのではないかと思っています。以前、『がもよんレシピブック』を作ろうと思ったことがありましたが、それに比べると、動画はかかる手間や時間や費用が格段に安くて済みます。これを続けない手はありません。」

助成金申請の手助けも

もう一つ取り組んだのは、行政による支援策の情報をいち早く伝えたり、助成申請をサポートしたりすることだった。

たとえば、飲食店は店内でアルコールを提供できても、酒類販売の免許がない場合には販売はできない。しかしコロナ禍を受け、特例的に半年間（その後延長）は免許なしで販売が可能になった。この情報を共有したことで、ハンバーガーと缶ビールを一緒に販売することを始めた店もあったという。

また、特に効果が大きかったのは助成申請の手助けだ。これまでも経営や経理に明るくない店主たちを対象として、公認会計士を招いた個別相談会などが開かれてきたが、今回も助成金申請手続きのための相談会を実施。二回に分けて数店ずつが参加し、全店が無事に助成を受けられることになったのである。

「助成金が出ることがわかってすぐ、各店に申請を勧めに行きました。ところが話を聞いてみると、それまでそもそも確定申告についてきちんと理解していなかった例もあり、まずはそこから始めることに。申請書類を作る前に相談料を払ってもらうのはハードルが高いと思い、まず一緒に申請に挑んで、無事に助成金が出たらそこから払ってもらう、という段取りにしました。開業

早々のことで資金に余裕がない店主への配慮です。」（和田）

この件は、今後も経理作業をおろそかにせずに取り組もう、という各店の意識変化にもつながったという。

また、情報が錯綜する時期だったこともあり、店主や関係者が参加しているLINEグループでの情報交換が役に立ったという店主もいた。助成などの要領も朝令暮改で何を信用していいのか不安に思う中、信頼できる情報が常に手元で得られる安心感は得難かったはずだ。一方で、やり取りの中にコロナ対応に関するデマが紛れたこともあったという。それについてはデマであることがわかった時点で、和田の勧めで本人が全員に向けて謝罪。大きな揉め事には至らずに済んだ。多くの人が関わっているコミュニティになるほど、トラブルの種も増える。種の時点で終息させる知恵も必要である。

自分の店を持ちたい人を応援するまちへ

続いて、今後のがもよんが目指していることをがもよん内部から順に見ていこう。

まず、雇われ店長をオーナーシェフにしようという動きがすでに実践され、拡大の途上にある。たとえば「イル　コンティヌオ」はその端緒だ。二〇一八年二月に、二〇〇八年六月の開業時の店名

「ジャルディーノ蒲生」から「イル　コンティヌオ」に変わったのは、かつて雇われていたシェフがオーナーシェフになり、旧経営者が店舗名を引き継ぐことを良しとしなかったためだったのである。

「定借で十年経過したタイミングでした。人気店だったので旧経営者は再契約して店を続けたかったようです。それを断り、雇われていたシェフに新たなオーナーになってもらいたいという話をしたところ、激怒されました。しかし、定借ですから、期間の十年が満了した後は、契約は当然に終了します。そのため、契約を継続しないことには法的に何の問題もありません。また、かつての経営者もこの十年間で投資は回収し終わり、それどころか、きちんと大きな利益を上げてもいました。かつての『のれん分け』のように、その収益を挙げてくれたシェフに報いるという考えがあっても良いのではないでしょうか。」

飲食業を志す人の最終目標は自分の店を持つことであり、がもよんは「その夢を実現できるまちでありたい」と和田は言う。雇われている状態と自ら経営している状態では、やりがいもやる気も大きく違い、サービスのあり方も変わってくる。がもよんで独立の夢を叶えることは、地域により良いサービスを提供する店を増やすことでもあり、旧経営者を除けば誰にとってもハッピーな選択なのである。

その後も「がもよんドリーム」は相次いでおり、すでに四店のオーナーが代わっている。今後も経営者とシェフが異なる店舗で契約が満了すれば、希望する人がいる場合、同じ形で引き継いでもらう予定にしているという。

まちの暮らしと結び付いた拠点づくり

求める人の受け皿になる場づくり

これまで飲食店中心で展開してきたがもよんだが、少しずつ、それ以外への展開も見せつつある。二〇一八年、二〇一九年には「宿本陣　蒲生」「宿本陣　幸村」と二軒の宿泊施設を作った。中国人をはじめとした外国人観光客に頼るところが大きかったため、コロナ禍に伴う客の激減によるダメージは小さくない。ただ、地主サイドとしてはしばらく家賃を減額してでも維持し続ける予定で、やがて日本人観光客が戻ってくれれば、ほかにない個性的な宿として活路を見出せると考えている。

「元々、宿を作ろうと考えたのは、がもよんに全国から視察に来る人たちをそのまま帰してしまいたくない、大阪中心部のホテルに泊まらせたくない、という発想からです。この土地らしい、

「宿本陣　蒲生」。庭に面した露天気分を味わえる風呂が売り。庭には水風呂もある

「宿本陣　幸村」。真っ赤な内装、墨絵がオンリーワンな宿。風呂に至るまで赤い

この土地でしかありえないインパクトのある宿で過ごしてもらうことで、がもよんをフルに味わってもらいたい。ですから、これからどうするかはもう少し長期で考えていこうと思います。」

それ以外でも住宅などこれまでとは異なる切り口での不動産の利用も模索していく考えである。

新しいコミュニティを育む農園

台風で大きな被害を受けた住宅を取り壊した跡地で二〇一九年に開設した貸農園「がもよんファーム」は、第二章で触れたように、初回の募集が一カ月で埋まるなど想像以上に好評だった。和田は「もう少し料金を高めに設定すべきだったかもしれない」と笑う。周囲に似た実例がないことから相場が量れず、値付けは難しかったそうだが、借りる人は想定よりも費用を気にしなかったという。

「問い合わせの際に多かったのは、設備として何があるか、水やりなどのサービスがあるかなどで、費用についてはほとんど聞かれなかった。野菜を作りたいと思っている人にとっては、金額はいくらでもよかったのかもしれません。これは想像していなかったことでした。」

設備を建設する手間や費用も掛からなかった上に、募集も楽で、契約書も郵送で済み、運営側にとってはいいことづくめだった。時折、利用者から入る連絡は、「隣のゴーヤの蔓《つる》がウチの野菜に絡んでいる」といった程度の平和なもの。最近では、新たに畑の利用者になった人が農業高校をリタイアした教員だったことから、彼を中心にした新しい人間関係が生まれており、本人も頼りにされてまんざらではなさそうだという。農園は新しいコミュニティが生まれる場になるはずだと計画時点から期待していたといい、実際にその通りの展開になっているのである。

農園については、利用者に対し、「月に四千円を払って一袋二百円で買えるトマトを作るの?」と意地悪な質問が寄せられることもある。スギタグループの杦田氏はそれについて「『動物園に行けばいろいろな動物が見られるのに、なぜお金も手間もかけて犬や猫を飼うの?』と聞いているのと同じこと」と退ける。モノや体験の価値と経済価値のバランスは人によって異なる。人は経済

がもよんファームでは利用者間で会話が生まれている

効率だけで動いているわけではなく、特に都市の日常の中では実に多様なアクティビティが繰り広げられているのである。

ところで、物件に接道がなかったり、賃貸として利用するには改修費がかかりすぎたりする場合には農園にするのは一つの手として有効だが、立地によっては日照が問題になる。がもよんの場合、周囲は二階建て程度の低層住宅が中心であるため、住宅地の奥まった場所でも十分に日当たりが良く、野菜はよく育つ。だが、中低層の集合住宅などが日照を遮る場合には難しくなる。また、菜園には水場やベンチ、そして最低限の道具収納用の倉庫が必要だが、その位置には防犯上の配慮が求められる。周辺住宅への足がかりにならないような位置に配置すべきだからだ。さらに周辺には虫や農薬などを気にする人がいる可能性もあるので、あらかじめ対処法を考えておきたい。

これからの空き家では飲食以外の活用も検討

この十余年でがもよん内の〝いかにも空いている〟と見えるような空き家はかなり少なくなったが、まだまだ使える空き家は残っているという。今後、世代交代が進むことで新たな空き家の供給もあるはずだが、これからの空き家活用はこれまで以上に慎重に考えると和田は話す。

「三軒長屋の真ん中が空いているような場合は、両隣にどんな人たちが住んでいるかによって活用するかどうかの判断が変わります。騒音の問題などを考えたら、全戸が空室になるのを待つほうがいいかもしれません。これは規模によっては一戸建てでも同じです。もう一つ大事なことは、人の胃袋は一つということです。一晩あちこち遊び歩いても、せいぜい三軒まで。すでにがもよんには多様な飲食店が点在していることを考えると、新たに出店する飲食店は、高い専門性などよほどの特徴がないと難しくなっています。慎重に慎重を重ねて店舗を選ぶことが必要です。」

一方、既存の飲食店に対しては、サービスや技術のブラッシュアップを考えると同時に、がもよんの外へ出て行くことも考えてほしいとも語る。矛盾するようだが、がもよんの居心地の良さに安住することなく、別の土地でも実力を試してみてほしいというのである。雇われてがもよんで店を出して十年、オーナーシェフになって十年、その次にどうするかを考えて仕事をしてほしいと話す。

「がもよん以外に出店するもよし、後輩を育成するもよし、十年一日に同じ仕事を続けるだけではなく、日々成長する姿勢があってほしいと思っています。」

飲食以外の出店も考えている。すでに決まっているのは現在和田のオフィスが入るビルの五階のワンフロアを使った動画スタジオ。二室のスタジオを作る計画だという。コロナ禍をきっかけに動画をビジネスツールとして使う人が増えていることを考えると、スタジオニーズは高そうだ。

川を越える「がもよん」拡大計画

さらに、今後二十年をかけてがもよんというエリアの境界を拡大していく壮大な計画もある。その本拠地となるのが東横堀川沿いの水辺拠点「本町橋ＢＡＳＥ」である。

本町橋は一九一三年（大正二年）に架けられた大阪市内最古の現役橋。そのたもとにある「本町橋ＢＡＳＥ」は、大阪市内中心部を囲むように流れる堂島川、土佐堀川、木津川、道頓堀川、東横堀川のうちの、大阪城・中之島と道頓堀川をつなぐ東横堀川に面したスペースである。大阪市と水都大阪コンソーシアムが魅力創造事業に向けて公募型プロポーザルを実施し、二〇二〇年一月二十九日に審査が行われ、スギタグループが選ばれたのだ。活用する一角は全域が河川区域となっているため河川法と関連法令が絡み、また陸上部分は都市公園区域内であるため、都市公園法、大阪市公園条例およびその他関連法令に従う必要があるが、広場、イベント施設、船着場、船舶係留施設のほか、飲食店、売店、オープンカフェ、船上食事施設など多様な設備の設置が可能になる。

この拠点を利用して目指しているのは、既存の商圏を超えたまちづくりである。かつて「水都」と言われていたように、大阪市内には先に名前を挙げた川以外にも多数の河川が流れている。がもよんのすぐ近くであれば寝屋川だ。大阪都心の本町橋とがもよんは川でつながっているのである。

「これまでは川を越えるとまちごとに商圏は別々でした。陸の時代には川と陸が分離されていたからですが、今後は川の時代だと考えています。陸と川をつなぐ新しいまちおこしを考えていきたいのです。川には垣根がありませんから、都心とがもよんがストレートにつながるし、それ以外のまちともつながる。これは僕らにしかできない、次なるステップだろうと思っています。」（枚田氏）

川を利用することでまちの境界を越える構想の今後に期待したいところだ。

「がもよんモデル」を大阪に、日本中に

がもよんには多くの人たちが視察にやってくる。空き家を何とか活用して収益を上げたい、まちおこしに活かしたいという依頼が多く、和田はいくつものプロジェクトを抱えている。大阪近辺の事業が多いが、がもよんほどスピーディーには動かない例も少なくないという。

「最近多いのは、所有者が代々の屋敷などを残したいという話です。ところが、建物だけで百坪や二百坪あり、さらに蔵もいくつか建っているという豪邸ほど活用のハードルが高く、時間がかかります。建物が大きく立派になれば必要な費用が嵩みますが、かけただけの費用が収益として上がるかと言えば疑問も残ります。住宅として改装するにしても広すぎたり、温熱環境に難があったりなどして定着しないことがあるためです。また、駅のすぐ近くで立地が良い建物でも、規模が大きくなると難しくなります。商業ベースに乗せようと考えるより、地域の財産や観光スポットとして残す方法を考えるべきではないかと検討している物件もあります。立地が悪くなれば、目的を持ってきてもらえる場所にしなくてはいけないわけでさらに至難になります。外国人や障害者、高齢者などを対象にした福祉目的の活用が一つの可能性として考えられますが、福祉目的の利用では商業施設以上に近隣との関係に配慮が必要になる場合があります。」

また大阪市内以外では徳島県美馬市脇町の重要伝統的建造物群保存地区（以下重伝建地区）の活性化にも関わっている。

「友人の実家が昭和六十三年に重伝建地区に指定された一画にあり、頼まれてそこに関わり出すうちに周囲の関心が高まり、今は徳島大学と組むなどして進めています。これまでに十三軒ほどの空き家が再生され、複合施設『うだつ上がる』などが完成しました。」

他にも、淡路島にある農家の空き家を宿泊施設に変えるプロジェクトなどにも参画しているといい、フィールドは時間とともに拡大中である。ただ、今後の空き家の増加を見据え、もっとスピードを上げて空き家問題に取り組める人を増やす必要性を感じているという。本書を読んでくれた人が、「がもよんモデル」を参考に空き家の活用に向けた活動をスタートさせることが、その第一歩になる。

築150年の古民家を改装した「うだつ上がる」は雑貨店、古着屋、本屋、カフェなどからなる複合施設

コラム
がもよんを語る

地元の人間にはできないことがある

――スギタグループ　杦田勘一郎氏

杦田勘一郎氏

スギタグループの当主・杦田勘一郎氏は、築二百数十年以上という、想像できないほど歴史のある住宅に今も暮らしている。小さいころから、昔のものを大事にする祖母に育てられた。何代も住み続けられてきた屋敷は便所が屋外にあり、冬場は屋内が外と同じくらいに寒かったそうだ、祖母から先人の行いを教えてもらい、「家」の大事さを肌で感じてきた。

「京都や奈良になぜ海外からも多くの人が来るのか。たとえば龍安寺の石庭はなぜずっと眺めていられるのかを考えてみれば、「本物」や歴史の意味がわかるというものです。曳《ひ》く人がいなくなったからといって、だんじりを軽トラに載せたら人は集まりません。先祖代々の米蔵は壊したら二度と建てられないことがわかっており、会社の全員の反対を押し切ってでも残したかった。ただ、何をどうすればいいかがわからない。そんな時に和田さんと出会ったのです。」

当時のスギタグループは、バブル期以降の長期にわたる凋落《ちょうらく》からまだ抜け切れておらず、資金繰りも厳しい局面にあった。蒲生四丁目を中心に広範囲に数多くの不動産を所有・管理していたが、その多くが古い物件で、手間がかかった。そのため、社員は目の前の仕事に追われるばかりで、時代の変化に目をやり、次のビジネスを考える余裕がなかったのだという。

さらに当時の経営陣は、バブルを経験してきた社員が中心だった。古いものは古いというだけで否定し、新しいものを良しとする考え方が色濃く残っていた。経済効率優先の目からすると、荒れ果てた米蔵の再生など馬鹿な話で、単なる夢物語としか受け取られなかったのである。

だが、和田はそうした社内のしがらみから自由な立場にあり、面白いと思ったことの実現に邁進《まいしん》する人間だった。それを頼みに、二人はあらゆる反対を押し切って米蔵の保存、活用に挑んだ。「そこで失敗していたら社長にはなっていませんでした。会社もどうなっていたかわかりません」と枚田氏は振り返る。社の命運をかけたプロジェクトだったのだ。

幸い、二年がかりのプロジェクトは成功し、その後徐々に変わり始めたがもよんを起爆剤として、スギタグループも変化を始める。大阪都心部の一角に歴史ある不動産を所有してもおり、がもよん同様の手法で和田とともにその地の再生にも取り組んできた。

こうした実績から枚田氏は全面的に和田を支援してきており、不動産仲介を専門に行うグループ内の部署では、古民家店舗の交渉に関してすべて和田に一任している。和田を通してこの地域が何を目指しているのかを知り、納得した上でがもよんに来てほしいという考えからである。
最近ではがもよんまで視察に来る例も増え、周囲から評価されることが増えたが、まねることはそう簡単ではないと枚田氏は話す。

「まちに賑わいをもたらした成功例はそう多くない。外の人たちは湯を注いでカップラーメンを作ったくらいの軽さでまちの変化を語りますが、そんなことはない。確かに最初の例が成功したことでその後取り組みやすくはなりましたが、一つずつ二人三脚で積み重ねてきた結果です。」

それほど頻繁に打ち合わせ等をしているわけではないが、同じ方向を向いているという枚田氏と和田

また、和田ががもよんの外から来た人間だったことも重要だったという。

「地元の地主や家主だけで同じことをやろうとしてもできなかったと思います。私たちがイベントをやりましょうと言っても、人は動かなかったでしょう。地域に長くいると、色々と言葉にしにくいものがあるのです。」

和田は「みんなの意見を調整しようと思うのは時間の無駄」であり、「面白いことに夢中になって取り組んでいたら人は付いてくる」と話すが、これは地域に何百年も根付いてきた人にとってはなかなか難しいことでもある。一つの言葉でも四方八方の異なる立場から解釈される立場にあるためだ。過去にがもよんが登場したテレビ番組でも、ごく初期には枚田氏が登場しているが、すぐに和田のみが登場するようになっているのは、その一つの表れかもしれない。歴史ある地域ならではの難しさもあるのだ。

古いものを残すという枚田氏の思いを実現するためには、そうしたしがらみや忖度から自由で、誹謗中傷や毀誉褒貶《きよほうへん》も笑い飛ばせる、自由な立場でありながら思いを同じくする人間が必要だった。がもよんではうまく役者が揃ったのだ。

「日本のかつての成長企業には、本田宗一郎に藤沢武夫、松下幸之助に高橋荒太郎、井深大に盛田昭夫、歴史上では羽柴秀吉に黒田官兵衛といったように、名参謀と呼ばれる人がいた。まわりから見ても和田さんとの関係をそう見てもらえたら嬉しいですね。」

［対談］大島芳彦×和田欣也

定石と違うから「がもよん」は面白い

まちの世代交代に成功した理由

建物の見た目を単に新しくするのではなく、そのものの存在意義から考え直す手法「リノベーション」を日本で最初期に生み出し、それをまちや地域に拡大しつつある株式会社ブルースタジオの大島芳彦氏。二〇二〇年七月、「がもよん」を訪れ、和田の案内でがもよんを歩き、語った。

大島（以下**大**） 最初にがもよんを訪れたのは二一～三年前、大阪ガスの中島さん（当時。第二章参照）に面白い場所があるからと呼び出されてのことでした。終わりかけた宴席に滑り込んだのですが、それが「イル　コンティヌオ」。何もないように見える住宅地の奥に秘密めいたサロンがあって驚きました。

それが忘れられず、その後、和歌山でのリノベーションスクールの帰りに思い付いて寄ったのですが、その日は火曜日で、がもよんでは休みの店が多く、非常に残念な思いをしました。それ以来、今回が三度目ですが、歩いて見せていただいて、色々と定石とは異なる展開をしてきたまちだなと思いました。

和田（以下**和**） がもよんでずっと一緒にやってきた地元の枚田氏は、親世代の反対を押し切って「イル　コンティヌオ」を成功させ、その後のきっかけを作りました。

大　親世代の反対はどこのまちでもありますね。私の場合、親世代を説得するために子ども世代には小さな成功を積み重ねさせるようにし、その評価が親の耳に入ることで事業を進展しやすくするようにします。でも和田さんはいきなり本丸を攻めた。すごいことです。

和　知り合いのネットワークでイタリアンをやりたい人が見つかったし、枚田さんも腹を括《くく》っていた。それが反対を突破できた要因です。

大　今はちょうど地主さんたちも世代交代の時期。戦後復興を成し遂げてきた代とその子どもたち、さらに孫たちの三世代が揃っており、孫たちは不動産が昭和、平成とは違う価値を持つ社会を生きなくてはいけない。うまくバトンタッチできないと、不動産はどんどん市場に出てしまう。そうなるとまちづくりどころではない。簿価《ぼか》で土地を所有している人ならまちのことを考えられますが、市場原理だけで動く場に出てしまうともうダメ。これから十年くらいが重要です。

そこで考えると、がもよんではうまく世代交代ができているように見えます。任された子ども世代が地域

に愛着がなく、売却するケースもよくありますが、がもよんでは地域の特徴を活かして変えてくることができた。それはどうしてでしょう。

和　先ほど案内中にすれ違った杁田さんが言っていたように、非常にピンチの時代があったからでしょう。杁田さんの父の代に地主だった人たちで、土地を残せた人はほとんどいません。でも、杁田さんは相続の前に自分で会社を作り、債券だらけの父の会社を買い取っています。単に子どもだから相続したのではなく、自分で戦って勝ち取ってきたのです。ピンチはチャンスと言いますが、その通りのことが起きたのです。

「まちを耕す」という意味

大　今回、がもよんを隅から隅まで歩いてみて、和田さんはまちを耕しているなあと思いました。単に施設、建物を作るのではなく、潜在する、そ

こにあった地域の人の力を引き出す、そして活かすというやり方です。

和　どんなものを作るのでも、住んでいる人にプラスになるように、といつも考えます。飲食店なら、オープニングに近所の人を呼んで胃袋を摑み、仲間にしてしまう。公園で大人は浮いてしまいますが、がもよんファームのような菜園なら大人も子どももいるのが自然。そうしてこれまで会わなかった人と会うようになれば、知り合いが増えて地域での暮らしが豊かになる。飲食店がある程度充足した今後は、その点をより考えていく必要があるでしょうね。

大　飲食店中心ということですが、がもよんは元々は商業地でも、飲み屋街があったわけでもない場所ですよね。

和　便利なのに手つかずで、あまり色の付いていないまちでした。

大　だからうまく行ったのかなと思います。既存の飲食店街があったら、新たに飲食店が入ってくることに抵抗があったでしょうし、入ってきた人同士が仲間という意識も持ちにくかったのではないでしょうか。

和　枚田さんは、最初からライバルを作るやり方はしないように、と言っていました。店子いじめになるからダメだと。

大　それが、店同士が仲間であるという居心地の良いまちになった要因の一つでしょう。コロナで、これまで家の中で完結していたことが全部はできなくなり、家の中にあった機能がまちに分散していく予感を抱いています。これまでのようなハレの外食ではなく、我が家の食卓のエクステンション（延長）のような感じです。旅館も食事や娯楽、入浴など全てを建物内で客を囲い込むようにしてきたが、これからは旅先の夜を宿の中だけで完結

させず、まちに出て楽しむようになっていくはず。まち全体を楽しむようになっていくはず。そう考えると、気軽に楽しめる、様々な要素があるまちがこれからは強いのかもしれません。

〝スーパー素人〟が多いまちの力

大　視察でまちを案内してもらうと「頑張ってます！」という印象の人が多いのですが、和田さんは楽しんでいるなあと感じます。あらかじめ計算した予定調和ではなく、ハプニングも含めて楽しみながら地域に関わっているように見えます。良い意味で、素人だからできるのかもしれないと思うところもあります。

和　確かに宅建士でも建築家でもなく、まあ、言ってみれば素人。がもよんのことも動きながら考えてきました。今の若い人たちは割と肩書きから入るところがありますが、そこにこだわらずに考えたほうが面白いことができるはずです。

大　最近、地方創生の文脈から、停滞する地方都市での仕事が増えていますが、そのまちの人たちは大抵「このまちには若者がいない、『プレーヤー』がいない」と言います。ところが起業家やプロと呼べるような『プレーヤー』はいないかもしれないけれど、今の時代は素人のスキルが趣味などもも含めるとめちゃめちゃ高いので、そもそも起業なんて考えてもいない普通の人の中にプロ以上の才能をもったスーパー素人とでも言うべき人がいます。そんな素人が、プロがやるように商業地域ではなく普通の住宅地で気軽にその才能を披露できるようになったら、そのまちにはすごいことが起きるんです。

和　なるほど。たぶん、がもよんにはそういう人がたくさんいるはず。今後は歴史や音楽など、このまちらしさを活かした、素養のある人に選ばれるまちにしていきたいと考えています。色々と材料はある気がしてきました。

大　中心市街地の活性化では「商」のほかに「住」も必要と思いますが、そこはやらないのですか。

和　住宅では今、シングルマザー向けのシェアハウスなど仕事と住まいのセットとした仕組みを作ることを考えています。また、今後はがもよんだけではなく、大阪の東エリア全体をターゲットに住宅、店舗その他、何をどこに配すべきか考えていくことになる気がします。

⁂

お二人と一緒にまちを歩きながら、がもよんのこれからを改めて考えた。飲食中心で空き家を動かし、まちに人を呼ぶ手法については多くの人の参考になるノウハウを積み上げてきたが、まだまだこれからも変化は必要。この先のがもよんにも注目し、参考にしてもらいたいと思う（中川）。

ジャルディーノ蒲生（2018年2月より **IL CONTINUO**《イル・コンティヌオ》）
開業年月　2008年6月
業　　態　イタリア料理店
所 在 地　大阪市城東区蒲生3丁目4-20
電　　話　06-4255-7038
ホームページ　http://ilcontinuo.com/
再生の概要　1905（明治38）年建築の米蔵を改装

うちげの魚　安来や
開業年月　2009年10月
業　　態　居酒屋
所 在 地　大阪市城東区蒲生4丁目21-14
電　　話　06-6930-8583
再生の概要　1963（昭和38）年建築の自動車修理工場を改装

昭和町ハンバーグ・レストラン　洋食ボストン蒲生店
開業年月　2009年12月
業　　態　洋食店
所 在 地　大阪市城東区蒲生4丁目16-12
電　　話　06-6939-5555
ホームページ　http://boston01.com/gamou/
再生の概要　1936（昭和11）年建築の住宅を改装

琉球鉄板食堂　Magara（2020年6月より **NICOtt bar**）
開業年月　2009年12月
業　　態　食堂としてオープン、現在はバー
所 在 地　大阪市城東区蒲生4丁目20-4
電　　話　06-6955-8220
Instagram　https://www.instagram.com/nicott_bar/
再生の概要　1921（大正10）年建築の3軒長屋のうちの印刷店を改装（■）

TONAI atil
開業年月　2011年5月
業　　態　美容院
所 在 地　大阪市城東区今福西6-1
電　　話　06-6967-9241
ホームページ　http://www.tonai-hair.com/
再生の概要　1931（昭和6）年建築の床屋、時計店の2軒を1軒に改装

イタリアンバール ISOLA
開業年月　2012年4月
業　　態　イタリア料理店
所 在 地　大阪市城東区今福西1-5-1
電　　話　06-6935-3131
Facebook　https://www.facebook.com/isola0411/
再生の概要　1957（昭和32）年建築の溶接工場を改装

焼きたてパン R & B《アールアンドビー》 Gamoyon《ガモヨン》
開業年月　2012年5月
業　　態　パン屋
所 在 地　大阪市城東区蒲生4丁目7-14
電　　話　06-6934-5050
再生の概要　1921（大正10）年建築の住宅を2軒に改装（★）

cafe de GAMOYON（2020年2月から **harunchi**）
開業年月　2013年6月
業　　態　カフェ
所 在 地　大阪市城東区蒲生4丁目20-4
電　　話　06-6167-8897
再生の概要　1921（大正10）年建築の3軒長屋を改装（■）

韓《カ》non《ノン》
開業年月　2013年10月
業　　態　韓国料理店
所 在 地　大阪市城東区蒲生4丁目11-3
電　　話　06-6930-1258
Twitter　https://twitter.com/kanon102113/
再生の概要　1957（昭和32）年建築の3軒長屋のうちの2軒を使った小料理店を改装（▲）

cafe bar 鐘の音 -kane no ne-
開業年月　2014年4月
業　　態　カフェバー
所 在 地　大阪市城東区蒲生4丁目7-14
電　　話　06-6958-4710
Facebook　https://www.facebook.com/kanenone/
再生の概要　1921（大正10）年建築の住宅を2軒に改装（★）

炭火焼鳥専門店　たづや
開業年月　2014年7月
業　　態　焼き鳥店
所 在 地　大阪市城東区蒲生4丁目15-13
電　　話　06-6955-9596
ホームページ　http://www.taduya.com/
再生の概要　1930（昭和5）年建築の住宅を改装

Pizzeria《ピッツェリア》 e Trattoria《トラットリア》 Scuore《スクオーレ》
開業年月　2014年12月
業　　態　イタリア料理店
所 在 地　大阪市城東区蒲生四丁目21-21
電　　話　06-6932-3444
Facebook　hhttps://www.facebook.com/scuore21
再生の概要　1957（昭和32）年建築の住宅を改装

ハーブティーと香りのお店　&shu（アンドシュウ）
開業年月　2014年12月
業　　態　ハーブ専門店
所 在 地　大阪市城東区蒲生4-11-2
電　　話　06-6955-8198
ホームページ　https://andshu2015.shopinfo.jp/
再生の概要　1957（昭和32）年建築の3軒長屋のうちの1軒の新聞配達所を改装（▲）

マニアック長屋
開業年月　2015年8月
業　　態　工房
所 在 地　大阪市城東区蒲生4丁目9-18
電　　話　06-7178-7928（proef）
ホームページ　http://proefdesigns.com/
再生の概要　築年不詳の五軒長屋を1軒に改装

福の音　蒲生庵（2019年4月から**蒲生庵　草薙**）
開業年月　2015年9月
業　　態　日本料理店
所 在 地　大阪市城東区蒲生4丁目10-5
電　　話　06-6180-4666
再生の概要　1934（昭和9）年建築の住宅を改装

割烹　かもん
開業年月　2016年7月
業　　態　割烹
所 在 地　大阪市城東区蒲生4-16-6
電　　話　06-6786-5015
再生の概要　1934（昭和9）年建築の住宅を改装

蒲生中華　信
開業年月　2017年5月
業　　態　中華料理店
所 在 地　大阪市城東区今福西1丁目6-25
電　　話　06-6180-6104
Facebook　https://www.facebook.com/gamoutyuuka.shin.2017/
再生の概要　築年不詳の住宅を改装

かごのとり（2020年6月より**そば 冷泉**）
開業年月　2017年5月
業　　態　オープン時は焼き鳥店、現在は蕎麦店
所 在 地　大阪市城東区蒲生4-20-5
電　　話　06-6180-7727
再生の概要　1921（大正10）年建築の3軒長屋を改装（■）

蒲生おでん 笑月 wazuki
開業年月　2017年6月
業　　態　おでん屋
所在地　大阪市城東区今福西1丁目6-26
電　　話　06-7509-3744
Facebook　https://goo.gl/ru6WXH
再生の概要　1927（昭和2）年建築の住宅を改装

真心旬香　色
開業年月　2018年4月
業　　態　日本料理店
所在地　大阪市城東区今福西1丁目5-12
電　　話　06-7710-3440
ホームページ　https://shinshinshunka-iro.gorp.jp/
再生の概要　1921（大正10）年建築の住宅を改装

トミヅル蒲生四丁目店
開業年月　2018年5月
業　　態　焼肉店
所在地　大阪市城東区今福西1-6-21
電　　話　06-7164-1631
ホームページ　http://www.tomizuru.com/fu_he/fuhe.html
再生の概要　1934（昭和9）年建築の新聞配達所を改装

久楽庵
改装完了年月　2018年5月
用　　途　集会所
再生の概要　1909（明治42）年建築の住宅を改装

宿本陣　蒲生
開業年月　2018年10月
業　　態　宿泊施設
所在地　大阪市城東区蒲生4丁目7-18
問合せ　z.yaya0714@gmail.com
Airbnb　https://www.airbnb.jp/rooms/8676299
再生の概要　1909（明治42）年建築の住宅を改装（●）

八百屋食堂　まるも
開業年月　2019年1月
業　　態　1階が八百屋、2階が飲食店
所在地　大阪市城東区蒲生4丁目21-17
電　　話　06-6167-7367
Facebook　https://www.facebook.com/yaoyasyokudou.marumo/
再生の概要　1941（昭和16）年建築の住宅を改装

宿本陣　幸村
開業年月　2019 年 3 月
業　　態　宿泊施設
所 在 地　大阪市城東区蒲生 4 丁目 7-18
問 合 せ　z.yaya0714@gmail.com
再生の概要　1909（明治 42）年建築の住宅を改装（●）

居酒屋　はまとも
開業年月　2019 年 7 月
業　　態　居酒屋
所 在 地　大阪市城東区蒲生 4-15-7
電　　話　06-7710-2509
再生の概要　1936（昭和 11）年建築の住宅を改装

がもよんファーム
運営開始　2019 年 5 月
用　　途　市民農園

注）
※店舗の情報は執筆時点のもの。
※■、▲、★、●は長屋形式の建物でその一部という意。同じ記号は同じ建物を意味する。なお、ここで挙げたのは和田が耐震改修から内装までを手掛けた古民家物件のみ。これ以外にも和田が耐震改修に関与した古民家利用の店舗（城東烈火、まじめや、焼肉紋次郎、クロフネ、13 ダイナー）があるほか、以前からある古民家利用店舗が多く点在している。

写真：北川 達也 / agxsite.com
巻頭口絵、p.25、p.27、p.46、p.51、p.55、p.61、p.64、p.69、p.77、p.155、p.166、p.167、p.176、p.181、p.182、p.184

和田欣也（ワダ・キンヤ）

一般社団法人がもよんにぎわいプロジェクト代表理事。アールプレイ株式会社代表取締役社長。

1966年大阪市城東区出身。2005年に長屋再生事業を立ち上げ、2008年より大阪市城東区蒲生四丁目を中心としたエリアで「がもよんにぎわいプロジェクト」を行う。120年前に建てられた米蔵をイタリアンに改装した「リストランテ・ジャルディーノ蒲生」を皮切りに、洋食店、居酒屋、カフェなど現在までに32店舗を手掛ける。またまちおこしの一環としてバルイベント「がもよんばる」や「がもよん文化部」等の地域交流を精力的に実施。2020年3月、「大阪の下町、古民家利活用から発展したまちづくり事例」で2019年度第22回関西まちづくり賞（主催：公益社団法人日本都市計画学会）を受賞。

中川寛子（ナカガワ・ヒロコ）

東京情報堂代表。

住まいと街の解説者。(株)東京情報堂代表取締役。オールアバウト「住みやすい街選び(首都圏)」ガイド。30年以上不動産を中心にした編集業務に携わり、近年は地盤、行政サービスその他街の住み心地をテーマにした取材、原稿が多い。主な著書に、『「この街」に住んではいけない！』（マガジンハウス）、『解決！空き家問題』『東京格差』（ちくま新書）など。日本地理学会、日本地形学連合、東京スリバチ学会各会員。

空き家再生でみんなが稼げる地元をつくる
「がもよんモデル」の秘密

2021年2月1日　第1版第1刷発行
2023年6月10日　第1版第2刷発行

著　者　和田欣也・中川寛子

発行者　前田裕資
発行所　株式会社 学芸出版社
〒600-8216　京都市下京区木津屋橋通西洞院東入
電話 075-343-0811
http://www.gakugei-pub.jp/
E-mail info@gakugei-pub.jp
編集担当　松本優真
営業担当　中川亮平

装　丁　美馬智
カバーイラスト　鈴木裕之
D T P　KOTO DESIGN Inc.　山本剛史・萩野克美
印刷・製本　モリモト印刷

ISBN 978-4-7615-2761-7